学前儿童发展心理学

学习指要

主编　李施漫　肖开勇
参编　姚　婷　刁维军

重庆大学出版社

图书在版编目(CIP)数据

学前儿童发展心理学学习指要 / 李施漫,肖开勇主编. -- 重庆:重庆大学出版社,2024.2
ISBN 978-7-5689-4339-0

Ⅰ.①学… Ⅱ.①李… ②肖… Ⅲ.①学前儿童—儿童心理学—发展心理学 Ⅳ.①B844.12

中国国家版本馆 CIP 数据核字(2024)第 015572 号

学前儿童发展心理学学习指要
XUEQIAN ERTONG FAZHAN XINLIXUE XUEXI ZHIYAO

主编 李施漫 肖开勇
策划编辑:唐启秀
责任编辑:黄菊香 版式设计:唐启秀
责任校对:邹 忌 责任印制:张 策
*
重庆大学出版社出版发行
出版人:陈晓阳
社址:重庆市沙坪坝区大学城西路 21 号
邮编:401331
电话:(023) 88617190 88617185(中小学)
传真:(023) 88617186 88617166
网址:http://www.cqup.com.cn
邮箱:fxk@ cqup.com.cn(营销中心)
全国新华书店经销
重庆市国丰印务有限责任公司印刷
*
开本:787mm×1092mm 1/16 印张:13.5 字数:322 千
2024 年 2 月第 1 版 2024 年 2 月第 1 次印刷
ISBN 978-7-5689-4339-0 定价:38.00 元

前　言

　　学前教育是终身学习的开端,是国民教育体系的重要组成部分,关系亿万儿童的健康成长,关系千家万户的幸福和谐,关系国家的发展和民族的未来。从全球范围来看,各国政府越来越重视学前教育事业,不断加大对学前教育的投入,着力推进学前教育改革,尤其强调学前教育教师队伍建设。全面提高学前教育质量的关键是培育一支通晓学前儿童身心发展规律、精于科学教学方法的新型教师队伍。《学前儿童发展心理学学习指要》是学前教育专业核心课程"学前儿童发展心理学"的辅助资料,旨在帮助学生全面掌握学前儿童身心发展的年龄特征,形成科学的儿童观,养成尊重儿童、尊重儿童发展规律、尊重儿童的年龄特征的职业态度和思考习惯,为后续专业学习打下坚实基础。

　　2011年,教育部在浙江省和湖北省率先开展教师资格"国考"改革试点工作,2015年开始,教师资格考试已实行了全国统考。《学前儿童发展心理学》是幼儿园教师资格考试《保教知识与能力》考试内容的重要组成部分,本书可以帮助学生理顺学前儿童身心发展规律、年龄特征的脉络,搭建知识框架,形成牢固的知识系统。故而,在编撰本书时突出了以下三个方面特点:

　　1.基础性。《学前儿童发展心理学学习指要》是帮助学生实现课程目标的有效手段,是帮助学生认识学前儿童、懂学前儿童、爱学前儿童,建立起科学的儿童观,形成尊重儿童、尊重儿童发展规律、尊重儿童年龄特征的基本理念的有效工具。本书从学前儿童发展心理学的基本概念、基本理论到习题讲解与练习,都是围绕幼儿教师工作岗位、幼儿园教师资格考试所必需的知识点展开的,为从事学前教育或想了解学前教育的人们掌握"学前儿童发展心理学"基本内容提供基础保障。

　　2.系统性。"学前儿童发展心理学"是学前教育专业的一门核心课程,也是一门基础理论课程。本书以全书思维导图、全章思维导图的表述方式,帮助学生了解和掌握学习内容。同时,通过理论讲解、职场链接、真题链接、国赛链接、本章思考与练习等内容设计,帮助学生拓宽视野,全面系统地掌握学前儿童发展心理学的基本概念和基本理论。

　　3.实用性。本书可以满足学前教育专业学生未来工作岗位的需要,特别是满足幼儿园教师资格考试的需要,具有很强的实用性。

　　本书的具体分工:第一章学前儿童发展心理学概述,第二章学前儿童心理发展的年龄特征,第十章学前儿童意志的发展,第十三章学前儿童心理发展理论,由鄂州职业大学肖开勇编写;第三章学前儿童注意的发展,第四章学前儿童感知觉的发展,第五章学前儿童记忆的发展,第八章学前儿童言语的发展,第九章学前儿童情绪情感的发展,由重庆幼儿师范高等专科学校李施漫编写;第六章学前儿童想象的发展,第七章学前儿童思维的发展,由重庆市黔江区民族职业教育中心姚婷编写;第十一章学前儿童社会性的发展、第十二章学前儿童个性的发展,由重庆文化艺术职业学院刁维军编写。本书由李施漫和肖开勇主持编写,李施漫负责统稿。

在本书的编写过程中,编者参考、引用了国内大量学者、专家、教师的成果,在此,谨向有关作者致以衷心的谢意。

由于编者水平有限,疏漏和不足之处在所难免,敬请读者在使用过程中提出宝贵意见和建议。

编　者
2023 年 5 月

■ 全书思维导图

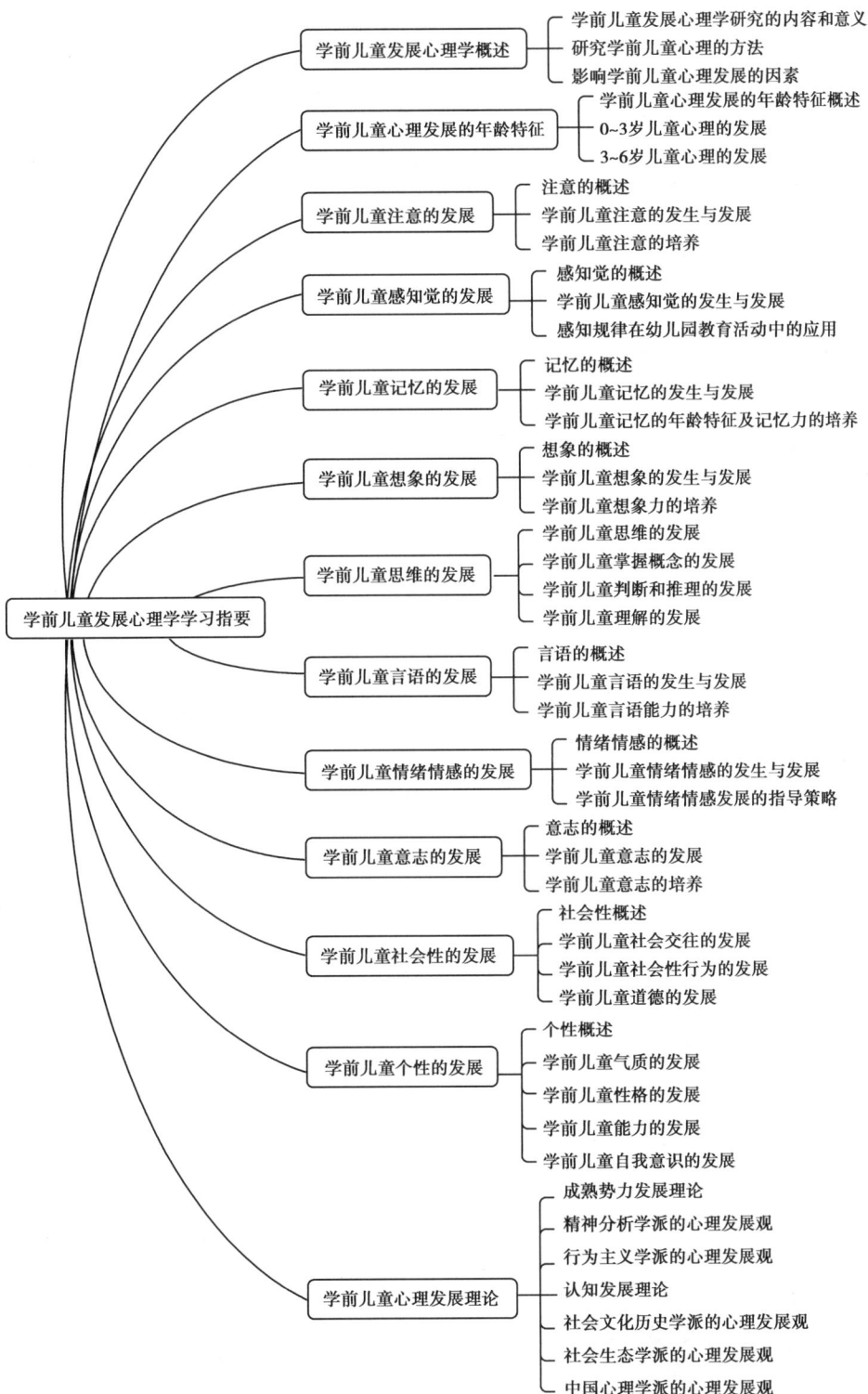

学前儿童发展心理学学习指要
- 学前儿童发展心理学概述
  - 学前儿童发展心理学研究的内容和意义
  - 研究学前儿童心理的方法
  - 影响学前儿童心理发展的因素
- 学前儿童心理发展的年龄特征
  - 学前儿童心理发展的年龄特征概述
  - 0~3岁儿童心理的发展
  - 3~6岁儿童心理的发展
- 学前儿童注意的发展
  - 注意的概述
  - 学前儿童注意的发生与发展
  - 学前儿童注意的培养
- 学前儿童感知觉的发展
  - 感知觉的概述
  - 学前儿童感知觉的发生与发展
  - 感知规律在幼儿园教育活动中的应用
- 学前儿童记忆的发展
  - 记忆的概述
  - 学前儿童记忆的发生与发展
  - 学前儿童记忆的年龄特征及记忆力的培养
- 学前儿童想象的发展
  - 想象的概述
  - 学前儿童想象的发生与发展
  - 学前儿童想象力的培养
- 学前儿童思维的发展
  - 学前儿童思维的发展
  - 学前儿童掌握概念的发展
  - 学前儿童判断和推理的发展
  - 学前儿童理解的发展
- 学前儿童言语的发展
  - 言语的概述
  - 学前儿童言语的发生与发展
  - 学前儿童言语能力的培养
- 学前儿童情绪情感的发展
  - 情绪情感的概述
  - 学前儿童情绪情感的发生与发展
  - 学前儿童情绪情感发展的指导策略
- 学前儿童意志的发展
  - 意志的概述
  - 学前儿童意志的发展
  - 学前儿童意志的培养
- 学前儿童社会性的发展
  - 社会性概述
  - 学前儿童社会交往的发展
  - 学前儿童社会性行为的发展
  - 学前儿童道德的发展
- 学前儿童个性的发展
  - 个性概述
  - 学前儿童气质的发展
  - 学前儿童性格的发展
  - 学前儿童能力的发展
  - 学前儿童自我意识的发展
- 学前儿童心理发展理论
  - 成熟势力发展理论
  - 精神分析学派的心理发展观
  - 行为主义学派的心理发展观
  - 认知发展理论
  - 社会文化历史学派的心理发展观
  - 社会生态学派的心理发展观
  - 中国心理学派的心理发展观

目 录

第一章

学前儿童发展心理学概述

■ 学习目标

1.理解学前儿童发展心理学的基本概念、基本理论及其研究意义。
2.掌握研究学前儿童心理发展的基本原则和常用方法。
3.能够运用影响学前儿童心理发展的因素,分析学前儿童行为发生与发展的主要原因。

■ 重点难点

重点:理解学前儿童发展心理学的基本概念、学前儿童发展心理学的研究内容;掌握研究学前儿童心理发展的基本原则和常用方法。

难点:能够运用影响学前儿童心理发展的因素,分析学前儿童行为发生与发展的主要原因。

■ 本章导学/含考纲要点简要说明

本章讲授学前儿童发展心理学概述。本章主要阐述三个方面的内容:学前儿童发展心理学研究的内容和意义、研究学前儿童心理的方法和影响学前儿童心理发展的因素。从历年幼儿园教师资格考试真题来看,本章所涉及的题量较少,题型包括选择题、简答题和材料分析题,主要考查心理的实质、研究学前儿童心理的方法、影响学前儿童心理发展的因素等内容。其中,影响学前儿童心理发展的因素与学前儿童发展心理学其他具体内容、学前教育学课程内容相结合进行综合考查。我们在学习本章内容时:一方面,要重点识记学前儿童发展心理学的基本概念、理解学前儿童发展心理学的研究内容、掌握研究学前儿童心理发展的基本原则和常用方法;另一方面,要将在学习过程中的所得与困惑分享给大家,相互学习、相互交流,共同进步。

■ **本章思维导图**

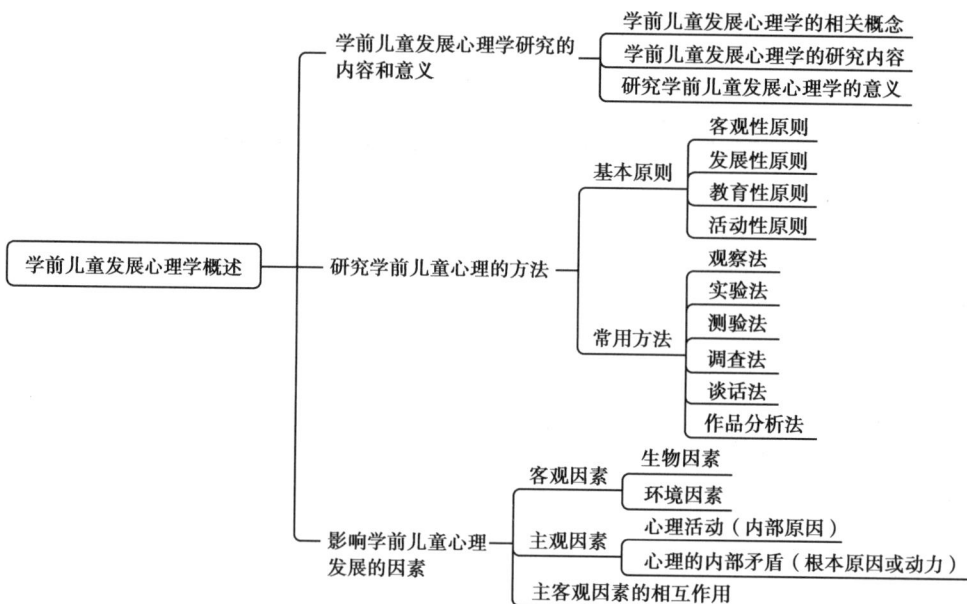

学前儿童发展心理学概述
- 学前儿童发展心理学研究的内容和意义
  - 学前儿童发展心理学的相关概念
  - 学前儿童发展心理学的研究内容
  - 研究学前儿童发展心理学的意义
- 研究学前儿童心理的方法
  - 基本原则
    - 客观性原则
    - 发展性原则
    - 教育性原则
    - 活动性原则
  - 常用方法
    - 观察法
    - 实验法
    - 测验法
    - 调查法
    - 谈话法
    - 作品分析法
- 影响学前儿童心理发展的因素
  - 客观因素
    - 生物因素
    - 环境因素
  - 主观因素
    - 心理活动（内部原因）
    - 心理的内部矛盾（根本原因或动力）
  - 主客观因素的相互作用

知识要点解析

一、学前儿童发展心理学研究的内容和意义

（一）学前儿童发展心理学的相关概念

1.心理现象

心理现象,简称心理,是人脑对客观现实的主观能动的反映。

（1）心理的实质

心理的实质有以下三个要点:

心理的实质	具体内容		
①心理是人脑的机能。	人脑的结构	脑干	延髓	负责基本生理功能。
			桥脑	
			中脑	
		间脑	大脑皮层下的感觉中枢。
		小脑	主管运动协调。
		大脑	由左右两个半球构成,表面覆盖着大脑皮层。

续表

心理的实质	具体内容	
①心理是人脑的机能。	人脑的机能	大脑的主要机能是接受、分析、综合、储存和提取各种信息。
		大脑两个半球分别对身体对侧的感觉和运动负责。
		大脑皮层上的四个叶在功能上分工合作、相互联系。
		代偿作用:某一个功能区受损,经过一定时间的治疗、训练,基本已丧失的功能可由其他功能区补偿而得到不同程度的恢复。
②心理是人脑对客观现实的反映。	客观现实是心理产生的源泉。	
	心理是人脑的机能,客观现实作用于人脑,产生心理。	
	客观现实,主要指在人的心理之外独立存在的一切事物,它构成了人类赖以生存的环境。无论是物质环境还是社会环境,都是人的心理产生的源泉。	
③心理的反映具有能动性。	人的心理是人脑对客观现实的反映,是能动的、积极的反映。	
	表现在人脑对客观现实的反映受个人的态度和经验的影响。	
	表现在人的心理能够支配调节人的行动,能动地反作用于客观现实,改造自然,改造社会,以满足人们的各种需要。	
	主观能动性的大小取决于人们对客观世界规律的认识水平。	
因此,人的心理一方面受客观现实的制约,另一方面又受到人的主观条件的折射,是主、客观条件相互作用的结果,是主观和客观的对立统一。		

（2）心理现象构成

1）分类

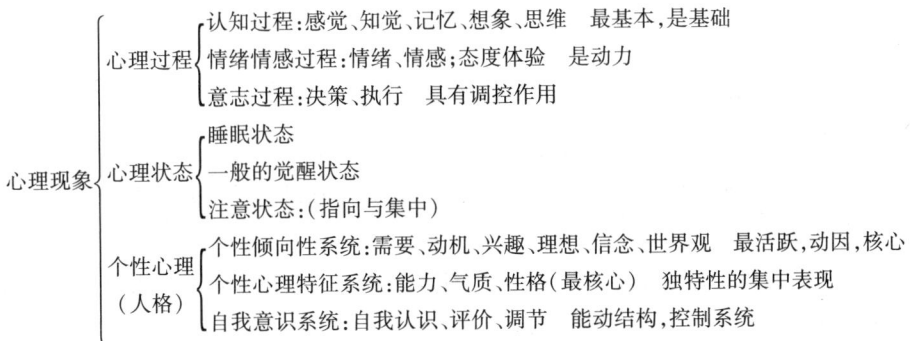

2）关系

三个心理过程的关系	认知过程是情绪情感和意志过程的基础。
	在认知过程和情绪情感过程的基础上,人才能自觉地进行意志行动。
	情绪情感过程、意志过程对认知过程起到重要的调节和控制作用。

续表

心理过程和个性心理的关系	心理过程是个性心理形成的基础。
	个性心理又反作用于心理过程。

2.学前儿童

（1）概念：学前儿童是指从出生到入学前的儿童。

（2）学前儿童具有自己的特点：

①和动物不同。

②和成人也不一样。

3.发展

（1）概念：发展是指人类个体从诞生到死亡的整个生命过程中所发生的身心变化，包括生理与心理两方面的发展。

（2）具体表现：

①心理活动从不分化到逐渐分化。

②心理活动从无意性为主到有意性为主。

③从反映事物的外部现象到反映事物的本质属性。

④对事物的态度从不稳定到逐步稳定。

（3）人的一生划分为以下几个阶段：

新生儿期（0~1个月）、婴儿期（1个月~1岁）、先学前期（1~3岁）、幼儿期（狭义学前期，3~6、7岁）、童年期（6、7~11、12岁）、少年期（11、12~15、16岁）、青年早期（15、16~18、19岁）、青年期（18、19~30岁）、中年期（30~60岁）以及老年期（60岁以上）。

4.心理学

心理学是研究人的心理现象，揭示心理发展规律的科学。

5.发展心理学

发展心理学是研究个体从出生到衰老整个过程中心理的发生、发展规律的科学。

6.儿童发展心理学

（1）概念：儿童发展心理学是发展心理学的一个重要基础分支，研究0~18岁儿童身心发展规律的科学。

（2）标志：科学的儿童心理学产生于19世纪后半叶，一般以1882年德国生理学家和心理学家普莱尔的《儿童心理》一书的出版为标志。

7.学前儿童发展心理学

（1）概念：学前儿童发展心理学是研究从出生到入学前儿童心理发生、发展规律的科学。

（2）学前儿童发展心理学在心理学中的地位如下图所示。

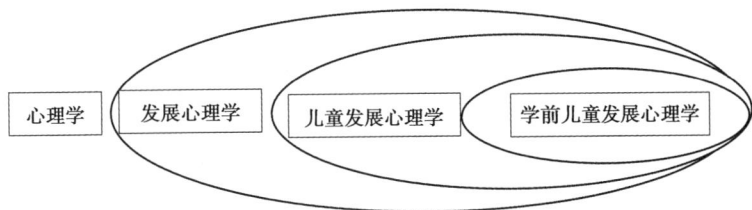

（二）学前儿童发展心理学的研究内容

（1）学前儿童心理的特征和各种心理过程的发展趋势。

（2）学前儿童心理发展变化的机制。

（三）研究学前儿童发展心理学的意义

1.理论意义

（1）为辩证唯物论的基本原理提供科学根据。

（2）充实学前儿童心理发展的理论体系,促进心理学的发展。

（3）了解学前儿童心理发展规律,树立正确的儿童观。

2.实践意义

（1）为学前儿童早期的家庭教育提供理论指导。

（2）为学前儿童的幼儿园教育提供科学依据。

（3）为其他领域的学前儿童工作者提供切实服务。

二、研究学前儿童心理的方法

（一）研究学前儿童心理的基本原则

1.客观性原则

（1）意义:客观性原则是任何科学研究都必须遵循的基本原则。

（2）概念:客观性原则就是按照事物本来面目去认识事物,也就是实事求是。

（3）内涵:

①学前儿童的心理是在客观因素的影响下产生的。

②生理是心理发展的客观基础,直接制约着人的心理发展。

③任何结论都要以充分的事实材料为依据。

2.发展性原则

（1）意义:发展性原则也是学前儿童心理研究中必须遵守的一条重要原则。

（2）概念:发展性原则是指在发展中研究人的心理现象。

3.教育性原则

（1）意义：教育性原则是对学前儿童心理发展进行研究的先决条件，也是研究者必须遵循的职业道德。

（2）概念：教育性原则是指一切学前儿童心理的研究都必须符合教育的要求，不允许进行可能损害儿童身心健康的研究。

4.活动性原则

（1）概念：活动性原则也被称为实践性原则，是指在学前儿童的活动中分析研究学前儿童心理的原则。

（2）内涵：

①学前儿童的心理是在实践中，尤其是在儿童的日常活动中形成的，并且通过活动表现出来。

②学前儿童发展心理学的研究结论能够指导儿童的保教活动，并在教育实践中进行检验和修正。

（二）研究学前儿童心理的常用方法

学前儿童心理发展的研究方法基本上与发展心理学的一般研究方法相同，最主要的方法有六种，即观察法、实验法、测验法、调查法、谈话法和作品分析法。

1.观察法

（1）概念：观察法是指在自然条件下，研究者有目的、有计划地通过感官或借助一定的科学仪器，对社会生活中人们行为的各种资料的搜集过程。

（2）意义：观察法是研究学前儿童心理活动的最基本方法。

（3）种类：

①从时间上看，观察法分为长期观察和定期观察。

②从范围上看，观察法分为全面观察和重点观察。

③从规模上看，观察法分为群体观察和个体观察。

④从观察者的参与程度上看，观察法分为参与性观察和非参与性观察。

⑤从工具使用情况来看，观察法分为直接观察和间接观察。

⑥从设计程度来看，观察法分为结构性观察和非结构性观察。

⑦从观察的目的来看，观察法分为验证型观察和探索型观察。

（4）要求：

①观察者在观察前要做好准备工作，确定观察计划、观察内容和记录方式等，并对观察人员进行必要的培训。

②在实施观察的过程中，尽量使儿童保持自然状态，减少观察者对被观察儿童的影响。

③观察记录必须详细、准确、客观，既要记录行为本身，又要记录行为的前因后果，必要时可借助表格、录音和录像等辅助手段。

④对儿童的观察一般应在较长时间内系统地反复进行,以排除偶然性因素的影响。

⑤可同时由两名观察者对儿童的行为进行评定,避免主观性的影响。

(5)优缺点:

优点是可以在学前儿童行为发生时,现场进行客观、全面、准确的观察和记录。

缺点是观察和记录有一定的局限性,容易受到观察者本人能力水平、心理因素的影响,所希望观察到的行为有时难以预测,往往需要花费较多的人力、物力和时间。

2.实验法

(1)概念:实验法是根据研究目的,改变或控制学前儿童的活动条件,以引起某种心理活动的恒定变化,从而揭示特定条件与心理活动之间关系的方法。

(2)种类及优缺点:常用的实验法有两种,即自然实验法和实验室实验法。

①自然实验法是研究学前儿童心理的主要方法之一。它是指在儿童的日常生活、游戏、学习和劳动等正常活动中,有目的、有计划地控制和改变某些条件,以引起并研究儿童心理变化的方法。优点是儿童在实验过程中心理状态比较自然,而研究者又可以控制儿童心理产生的条件。缺点是由于强调在自然的活动条件下进行实验,难免出现各种不容易控制的因素。

②实验室实验法是在具有特殊装备的实验室内,利用专门的仪器设备进行心理研究的一种方法。优点是能够严格控制实验条件,可以获得某些特殊资料。缺点是儿童在实验室环境内往往会产生不自然的心理状态,导致所得实验结果有一定的局限性。

3.测验法

(1)概念:测验法是根据一定的测验项目和量表,了解儿童心理发展的方法。

(2)作用:测验法主要用于查明学前儿童心理发展的个别差异,也可用于了解不同年龄儿童心理发展的差异。

(3)注意事项:不宜用于团体测验;测验人员必须受过训练,要善于取得学前儿童的合作;判断某个学前儿童的发展水平和状况,还应用多种方法从多方面进行考查。

(4)优缺点:

优点是比较简单,能够在较短时间内粗略了解学前儿童的发展状况。

缺点是测验所得往往只是被试完成任务的结果,不能说明达到结果的过程;测验只做量的分析,缺乏质的研究;测验题目很难同时适用于不同生活背景的学前儿童。

4.调查法

(1)概念:调查法是通过问卷或访谈等方法,对学前儿童心理发展现象进行有计划、系统的间接了解和考察,并对所收集到的资料进行统计分析或理论分析的一种研究方法。

(2)种类及优缺点:研究者在进行调查研究时,主要有问卷法和访谈法两种具体的实施方法。

①问卷法:研究者用统一、严格设计的问卷来收集与研究对象有关的心理特征和行为数据资料的一种方法。它是通过把要调查研究的主题分为详细的纲目,拟成简明易答的一系列问题,编制成标准化的问卷,然后根据收回的答案,进行统计处理,得出结

论的方法。

②访谈法：访谈者通过与被访谈者进行口头交谈的方式来收集对方有关心理特征和行为资料的一种研究方法。利用访谈法有利于研究者与被访问的学前儿童家长、教师或其他人个别交谈，从而较深入地了解情况。访谈必须有充分的准备，应拟订访谈提纲，访谈者还应善于向被访谈者提出问题。但是访谈的缺点也很明显，不但较浪费时间，而且被访谈者的报告往往不够精确，可能由于记忆不确切，也可能是受个人偏见及态度的影响。

5.谈话法

（1）概念：研究者有目的、有计划地引导学前儿童围绕一个生活中的主题，回忆已有的生活经验，进行交流的方法。谈话法也是研究学前儿童心理的常用方法。

（2）要求：谈话前应有充分的准备，谈话时应如实地做记录，以便进行科学的分析。

6.作品分析法

（1）概念：作品分析法是通过分析学前儿童的作品（如手工、绘画等）了解学前儿童心理的方法。

（2）要求：对学前儿童作品的分析最好结合观察法和实验法进行。

综上所述，在研究学前儿童心理的过程中，我们不必拘泥于某一种研究方法，可以采取综合方法，根据不同的研究目的和课题，以及研究的具体条件，对各种方法加以灵活运用。

三、影响学前儿童心理发展的因素

（一）客观因素

1.遗传素质是学前儿童心理发展的自然前提

遗传主要包括机体的构造、形态、感官和神经系统的特征等通过基因传递的生物特性。

首先，遗传是提供人类心理发展基本的自然物质前提。

其次，遗传是奠定学前儿童心理发展个别差异的最初基础。

2.生理成熟为学前儿童心理发展提供了物质前提

生理成熟，又叫生理发展，是指身体结构和机能生长发育的程度与水平。生理成熟对学前儿童心理发展的作用表现在以下三点：

（1）生理成熟的程序制约着儿童心理发展的顺序。

（2）生理成熟为学前儿童心理发展提供物质前提。

（3）生理成熟的个体差异是学前儿童心理发展个体差异的生理基础。

3.环境因素使学前儿童心理发展成为现实

环境指个人身体之外的客观现实,按其性质与作用可分为物质环境和社会环境两类。

社会环境对学前儿童心理发展的作用,集中表现在以下三个方面:

(1)社会环境使遗传所提供的心理发展的可能性变为现实。

(2)社会生活条件制约着学前儿童心理发展的方向、速度和水平。

(3)教育在学前儿童心理发展中起主导作用。

(二)主观因素

1.心理活动是影响学前儿童心理发展的内部原因

影响学前儿童心理发展的主观因素,笼统地说,包含学前儿童的全部心理活动;具体地说,包括学前儿童的需要、兴趣爱好、能力、性格、自我意识和心理状态等。需要是最活跃的因素;兴趣爱好是影响学前儿童心理发展的重要因素;自我意识在人的心理活动中起控制作用。

2.心理的内部矛盾是推动学前儿童心理发展的根本原因或动力

学前儿童心理活动的各种心理成分或因素既是不可分割的,又经常是对立统一的。

学前儿童心理的内部矛盾可以概括为两个方面,即新的需要和旧的心理水平或状态。新的需要与旧的心理水平或状态之间总是不一致的,两者总是处于相互否定、相互斗争中,于是就有了学前儿童心理的内部矛盾。

学前儿童心理的内部矛盾的两个方面又是互相依存的。一方面,新的需要依赖于学前儿童原有的心理水平或状态;另一方面,一定的心理水平或状态的形成又依赖于相应的需要。教育的任务是根据已有的心理水平或状态,提出恰当的要求,帮助学前儿童产生新的矛盾运动,促进其心理发展。因此,心理的内部矛盾是推动学前儿童心理发展的根本原因或动力。

3.主客观因素的相互作用

影响学前儿童心理发展的客观因素和主观因素是相互联系、相互影响的。离开遗传素质、生理成熟,以及家庭、幼儿园、社会等客观因素,需要、兴趣爱好、自我意识等学前儿童的心理活动主观因素就不可能产生与发展。反之,离开了个体需要、兴趣爱好、自我意识等学前儿童的心理活动主观因素的积极作用,个体与社会也不能得到快速发展与改善。因此,客观因素是主观因素发展的源泉,主观因素是客观因素构成的条件。

▲【真题链接】

一、单项选择题

1.(2017年上半年《保教知识与能力》)生活在不同环境中的同卵双胞胎的智商测试分数很接近,这说明(　　)。

A.遗传和后天环境对儿童的影响是平行的

B.后天环境对智商的影响较大

C.遗传对智商的影响较大

D.遗传和后天环境对智商的影响相当

【答案】C。解析:同卵双胞胎的遗传因素是相同的,生活在不同的环境中说明其后天环境是不同的。因此,智商测试分数接近说明了遗传对智商的影响较大。

2.(2013年下半年《保教知识与能力》)为了了解幼儿与同伴交往特点,研究者深入幼儿所在的班级,详细记录其交往过程的语言和动作等。这一研究方法属于(   )。

A.访谈法   B.实验法   C.观察法   D.作品分析法

【答案】C。解析:观察法是指在自然条件下,研究者有目的、有计划地通过感官或借助于一定的科学仪器,对社会生活中人们行为的各种资料的搜集过程。题干表述符合此概念。

3.(2015年上半年《保教知识与能力》)在儿童的日常生活、游戏等活动中,创设或改变某种条件,以引起儿童心理的变化,这种研究方法是(   )。

A.观察法   B.自然实验法   C.测验法   D.实验室实验法

【答案】B。解析:自然实验法是指在日常生活等自然条件下,有目的、有计划地创设和控制一定的条件来进行研究的一种方法。题干表述符合此概念。

4.(2022年上半年《保教知识与能力》)导致"狼孩"心理发展滞后的主要因素是(   )。

A.遗传有缺陷   B.生理成熟迟滞   C.自然环境恶劣   D.社会环境缺乏

【答案】D。解析:社会环境使遗传所提供的心理发展的可能性变为现实,社会生活条件和教育是制约儿童心理发展水平和方向的重要因素。"狼孩"是从小被狼攫取并由狼抚育成长的人类幼童,因为社会环境缺乏,所以心理发展滞后。

二、简答题

(2017年上半年《保教知识与能力》)简述教师观察幼儿行为的意义。(15分)

【参考答案】

观察是通过有目的、有计划地考察学前儿童在日常生活、游戏、学习和劳动中的表现,包括其言语、表情和行为,可以分析学前儿童心理发展的规律和特征。观察法是研究学前儿童心理活动的最基本方法,因为学前儿童的心理活动有突出的外显性,通过观察其外部行为,可以了解他们的心理活动。同时,观察法是在自然状态下进行的,可以比较真实地得到学前儿童心理活动的资料。对儿童的观察是教师实施有效指导的前提条件,主要有以下意义:

(1)教师通过在日常生活中对儿童一日生活的观察,可以了解儿童的发展需要,以便提供更加适宜的帮助和指导。

(2)儿童在游戏和日常行为中有最真实和自然的表现,教师通过游戏去观察儿童能最真实地了解儿童。

(3)教师通过观察儿童的行为,可以了解儿童的兴趣需要、认知水平、个性特点、能力差异等,从而给儿童提供有准备的环境,帮助儿童身心和谐的发展。

(4)教师在观察中可以关注儿童的个体差异,了解每个儿童的特点和独特性,做到因材施教,根据具体情况,用不同的手段来促进儿童的发展。

(5)教师通过观察儿童,并以发展的眼光去看待儿童,既要了解其现有水平,更要关注儿童的潜在发展水平,使教育走在发展的前面,促进儿童的发展。

▲【国赛链接】

(2018年国赛题)"狼孩"阿玛拉的经历主要反映了( )对儿童心理的影响。

    A.遗传素质　　　　B.生理成熟　　　　C.环境　　　　D.实践活动

【答案】C。解析:"狼孩"阿玛拉是一个在野外与狼群一起长大的女孩,她的很多行为和想法都与人类社会的行为规范相悖,这主要是她的生长环境影响所致。因此,"狼孩"阿玛拉的经历反映了环境对儿童心理的重要影响。

◇【本章思考与练习】

一、识记知识

(一)单项选择题

1.人的能力、气质、性格属于( )。

    A.个性心理特征　　B.心理过程　　　　C.意志过程　　　　D.个性倾向性

2.广义的学前期,是指( )。

    A.0~1岁　　　　　B.0~3岁　　　　　C.0~5岁　　　　　D.0~6岁

3.研究学前儿童心理最基本的方法是( )。

    A.实验法　　　　　B.测验法　　　　　C.问卷法　　　　　D.观察法

4.通过分析儿童的绘画、日记、作文等以了解儿童心理的方法是( )。

    A.测验法　　　　　B.观察法　　　　　C.实验法　　　　　D.作品分析法

5.为了解儿童与同伴交往特点,研究者深入儿童所在的班级,详细记录其交往过程的语言和动作等,这种研究方法属于( )。

    A.访谈法　　　　　B.实验法　　　　　C.观察法　　　　　D.作品分析法

6.在儿童的日常生活、游戏等活动中,创设或改变某种条件,以引起儿童心理的变化,这种研究方法是( )。

    A.观察法　　　　　B.自然实验法　　　　C.测验法　　　　D.实验室实验法

(二)简答题

1.研究学前儿童发展心理学有什么重要意义?

2.研究学前儿童心理的方法有哪些?

3.简述学前儿童发展心理学的研究内容。

4.简述心理的实质。

5.心理现象的分类有哪些?

6.心理的主观能动性表现在哪些方面?

二、理解知识

1.我们平时常说的"看见""听到""回忆""思考"等,属于人的(　　)。

　　A.意志过程　　　　B.认识过程　　　　C.思维过程　　　　D.情感过程

2.学前儿童心理,无论心理过程还是个性,都向着更高级的方向变化。这种变化称为(　　)。

　　A.前进　　　　　　B.发育　　　　　　C.发展　　　　　　D.进步

3.学前儿童心理的内部矛盾是其心理发展的(　　)。

　　A.客观原因　　　　B.主客观原因　　　C.根本原因　　　　D.相关原因

4.科学的儿童心理学产生于(　　)。

　　A.1879 年　　　　 B.1882 年　　　　 C.1872 年　　　　 D.1889 年

5.从规模上看,观察法可分为(　　)。

　　A.全面观察和重点观察　　　　　　　　B.全面观察和个体观察

　　C.群体观察和个体观察　　　　　　　　D.群体观察和重点观察

6.以下属于幼儿期的个体有(　　)。

　　A.8 个月的个体　　B.2 岁的个体　　　C.8 岁的个体　　　D.6 岁的个体

三、简单运用

宋朝有个神童叫方仲永,自幼聪慧,五岁能赋诗,文才过人,深得当时大文学家王安石的赞赏。他的家人引以为豪,就带着他四处炫耀,不加调教。方仲永到了 20 岁,王安石再见他时,发现他跟普通人一样,竟一事无成。请用发展心理学原理分析之。

四、综合运用

1.托儿所、幼儿园的孩子的父母时常反映说:双休日带孩子比上班还累。自己只带一个孩子,一个星期只带两天,时常感到手忙脚乱。而托儿所、幼儿园教师,每天带一大群孩子,并不觉得费劲。

请根据学前儿童发展心理学的有关理论知识,思考为什么孩子的父母双休日带孩子"比上班还累",而幼儿园教师每天带孩子却"不觉得费劲"?

2.琪琪是某学校学前教育专业的学生,她的"学前儿童发展心理学"学得特别差,教师询问原因,琪琪认为"学前儿童发展心理学"过于理论化,对以后的工作无实际意义,因此拒绝学习。

(1)请分析"学前儿童发展心理学"对学前教育专业学生而言是否有学习的必要。

(2)结合上个问题,请说明有必要或者没有必要的原因。

(3)琪琪认为"学前儿童发展心理学"过于理论化,假设你是教师,怎么做才能上好这门课,激发学生学习兴趣。

第二章

学前儿童心理发展的年龄特征

■ 学习目标

1.理解学前儿童心理发展的年龄特征的概念,掌握儿童心理发展的特点和趋势。

2.掌握学前儿童各年龄阶段的心理特点和具体表现。

3.初步形成科学的儿童观,激发投身幼儿教育事业的积极情感。

■ 重点难点

重点:理解学前儿童心理发展的一般特点与趋势及 3~6 岁学前儿童心理发展的特点。

难点:掌握学前儿童各年龄阶段的心理特点和具体表现。

■ 本章导学/含考纲要点简要说明

本章讲述学前儿童心理发展的年龄特征。从历年幼儿园教师资格考试真题来看,本章所涉题型包括选择题、简答题、论述题和材料分析题,主要围绕学前儿童心理发展过程和个性发展特点两部分进行综合考查。因此,我们在学习本章内容时,一方面,要加强对本章内容的识记与理解,注意理论联系实际;另一方面,要注意与后面所学章节之间的联系与互补,加深对所学知识的理解与应用。

■ **本章思维导图**

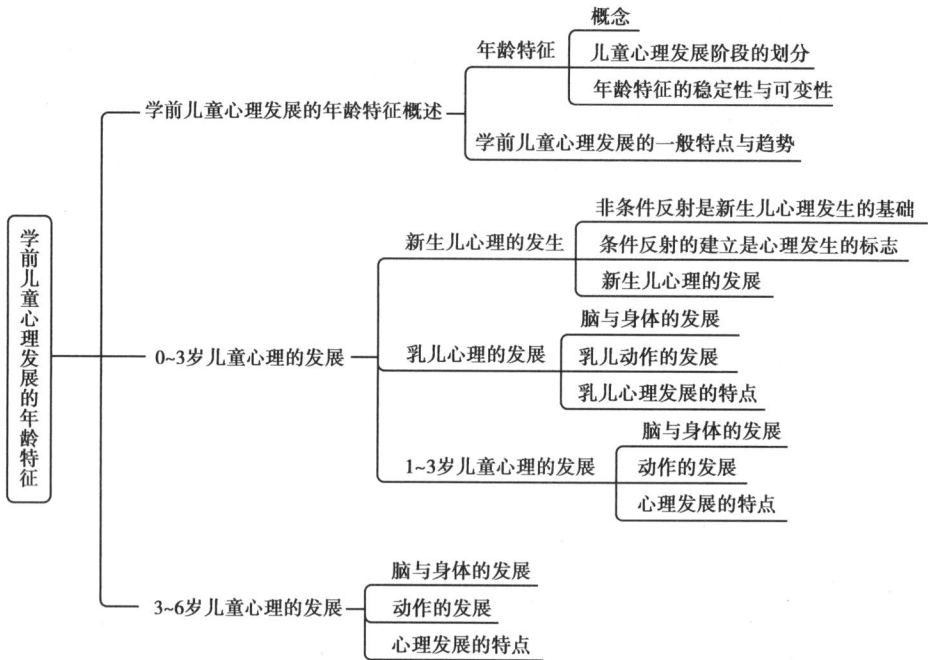

```
                                                        概念
                                      年龄特征 ┌─── 儿童心理发展阶段的划分
                      学前儿童心理发展的       ├─── 年龄特征的稳定性与可变性
                ┌──── 年龄特征概述 ──────────┘
                │                     └─── 学前儿童心理发展的一般特点与趋势
                │
                │                                      非条件反射是新生儿心理发生的基础
  学                │                      新生儿心理的发生 ┌── 条件反射的建立是心理发生的标志
  前                │                                   └── 新生儿心理的发展
  儿                │
  童                │                                    脑与身体的发展
  心                │                      乳儿心理的发展 ┌── 乳儿动作的发展
  理 ─────┤──── 0~3岁儿童心理的发展 ─────┤        └── 乳儿心理发展的特点
  发                │                                    脑与身体的发展
  展                │                      1~3岁儿童心理的发展 ┌── 动作的发展
  的                │                                      └── 心理发展的特点
  年                │
  龄                │                      脑与身体的发展
  特                └──── 3~6岁儿童心理的发展 ┌── 动作的发展
  征                                        └── 心理发展的特点
```

🔍 **知识要点解析**

一、学前儿童心理发展的年龄特征概述

（一）年龄特征

1.概念

　　学前儿童心理发展的年龄特征指的是各年龄阶段上儿童所表现出来的、与其他年龄阶段不同的、一般的、典型的、本质的心理特征。

　　（1）所谓一般是相对个别性而言的；所谓典型是相对多样性而言的；所谓本质是相对非本质而言的。

　　（2）年龄特征包括儿童生理发育的年龄特征和儿童心理发展的年龄特征。

2.儿童心理发展阶段的划分

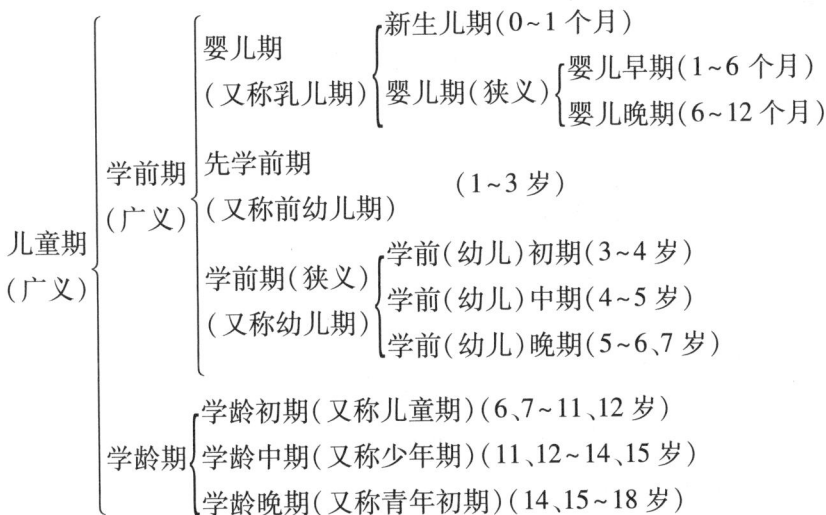

$$
\text{儿童期}_{(广义)}
\begin{cases}
\text{学前期}_{(广义)}
\begin{cases}
\text{婴儿期}_{(又称乳儿期)}
\begin{cases}
\text{新生儿期}(0\sim1\text{个月}) \\
\text{婴儿期}(狭义)
\begin{cases}
\text{婴儿早期}(1\sim6\text{个月}) \\
\text{婴儿晚期}(6\sim12\text{个月})
\end{cases}
\end{cases} \\
\text{先学前期}_{(又称前幼儿期)}\quad(1\sim3\text{岁}) \\
\text{学前期}(狭义)_{(又称幼儿期)}
\begin{cases}
\text{学前(幼儿)初期}(3\sim4\text{岁}) \\
\text{学前(幼儿)中期}(4\sim5\text{岁}) \\
\text{学前(幼儿)晚期}(5\sim6\text{、}7\text{岁})
\end{cases}
\end{cases} \\
\text{学龄期}
\begin{cases}
\text{学龄初期}(又称儿童期)(6\text{、}7\sim11\text{、}12\text{岁}) \\
\text{学龄中期}(又称少年期)(11\text{、}12\sim14\text{、}15\text{岁}) \\
\text{学龄晚期}(又称青年初期)(14\text{、}15\sim18\text{岁})
\end{cases}
\end{cases}
$$

3.年龄特征的稳定性与可变性

(1)稳定性

一般而言,在一定的社会和教育条件下,年龄特征具有一定的稳定性。

学前儿童心理发展的年龄特征的稳定性表现在心理发展的阶段顺序和每一阶段变化的进程及速度上,还表现在不同文化背景中的儿童心理发展在诸多方面具有共同性。

学前儿童心理发展的年龄特征具有稳定性有三个原因:一是心理是人脑的机能;二是人类知识经验本身是有一定顺序的,儿童掌握人类知识经验也必须遵循这个顺序,即由表及里、由浅入深、点滴积累;三是就一个群体而言,年龄特征要发生不同于上代的质变,需要经过若干个世代的变迁。

(2)可变性

学前儿童心理发展的年龄特征的可变性,是指因环境和教育条件不同,儿童心理发展的情况会出现各种差别,从而构成年龄特征的可变性。

年龄特征产生可变性有两方面的原因:一是社会条件不同;二是教育条件不同。

(3)稳定性与可变性的辩证统一

年龄特征具有可变性,只是在一定范围内可以变化,其变化是有限度的,并且围绕着学前儿童心理发展的年龄特征的稳定性上下波动。稳定性与可变性相互依赖、相互制约、相互渗透。两者之间是共性与个性之间的辩证统一。因此,既不能过分强调年龄特征稳定性的一面,忽视社会条件和教育条件对儿童心理发展的作用,也不能过分强调年龄特征可变性的一面,从而不切实际地夸大社会条件和教育工作的影响。

（二）学前儿童心理发展的一般特点与趋势

1.学前儿童心理发展的一般特点

（1）学前儿童心理发展的方向性和顺序性

方向性:学前儿童心理发展是按照从低级到高级的方向不断地发生变化的,而变化的特点是学前儿童心理的进步性

顺序性
（一般趋势）:

从简单到复杂
 从不齐全到齐全
 从笼统到分化

从具体到抽象

从被动到主动
 从无意向有意发展
 从主要受生理制约发展到自己主动调节

从零乱到成体系

（2）学前儿童心理发展的阶段性和连续性

阶段性:年龄特征,一般的、典型的、本质的特征
 关键期（敏感期或最佳期）
 转折期或危机期
 最近发展区

连续性:前一阶段是后一阶段的前提和基础,后一阶段是前一阶段的结果和延续

（3）学前儿童心理发展的不均衡性和整体性

不均衡性
 不同阶段发展的不均衡
 不同方面发展的不均衡

整体性:学前儿童心理发展的各个方面都不是孤立进行的

（4）学前儿童心理发展的普遍性和差异性

普遍性指不同个体在心理发展过程中表现出来的心理状况、速度、水平等方面的相同特点。

差异性指不同个体在心理发展过程中表现出来的心理状况、速度、水平等方面的差别。

2.学前儿童心理发展的一般趋势

即学前儿童心理发展的顺序性。

二、0~3岁儿童心理的发展

（一）新生儿心理的发生

1.非条件反射是新生儿心理发生的基础

（1）概念：非条件反射是遗传得来的，是不学而能对刺激做出的应答。

（2）重要的基础反射：吸吮反射、觅食反射、眨眼反射、怀抱反射、抓握反射（达尔文反射）、巴宾斯基反射、惊跳反射、击剑反射（强直性颈部反射）、迈步反射（行走反射）、游泳反射、巴布金反射（手掌传导反射）、蜷缩反射。

2.条件反射的建立是心理发生的标志

（1）概念：条件反射是原来不能引起有机体反应的无关刺激物，如果与能引起某些反应的刺激物多次结合，便也能引起有机体的这些反应。

（2）种类：

①自然条件反射，如喂奶姿势的吸吮反射。

②人工条件反射，如脚底感觉震动就眨眼。其形成速度慢，形成之后不稳定，若不继续练习，则易消退，不易分化。

（3）形成条件反射的基本条件：

①大脑皮质处于成熟健全且正常的状态。

②具备基础反射。

③条件刺激物适当的强度和出现的时间。

④条件刺激物和无条件刺激多次结合。

（4）条件反射的建立方式：

①定向反射强化的方式。

②模仿的方式。

③动觉强化的方式。

④言语强化的方式。

（5）条件反射的建立是心理发生的标志。

3.新生儿心理的发展

（1）视觉：新生儿出生时的最佳视距是20厘米。

（2）听觉：新生儿刚出生时十分敏感。新生儿在第2~3周听到拖长的声响时，会停止一切运动安静下来，直到声音响完为止。

（3）味觉和嗅觉：刚出生时，儿童最发达的是味觉，其次是嗅觉。

（4）触觉：儿童的触觉比成人敏感得多，通过触摸理解成人。

（5）运动的发展：在第1个月内，新生儿的手大部分时间紧握成拳，手指运动非常有限,但可以屈伸手臂,将手放到眼睛看得见的范围或口中。

(6)哭泣与微笑:第2~4周。第1个月出现第一次微笑或咯咯笑,常在睡眠中开始,原因不明。

(7)最初的个性:儿童在生命的最早期就会有个性特征——气质,无论是活跃的、紧张的还是相对沉稳的,面对新环境是胆怯还是喜欢,都可以通过一定的信号表现出来。

(二)乳儿心理的发展

1.脑与身体的发展

(1)脑和神经系统的发育。在最初的几年,乳儿的脑和神经系统发育最快,到学前期其发育已接近成人。仅就脑的重量而言,乳儿平均脑重约390克,9个月的乳儿脑重约560克。妊娠3个月时,乳儿的神经系统已基本成形,神经系统也随着年龄的增长而逐渐发育。

(2)身体特点。乳儿的体形是头大、身长、四肢短,头占身长的1/4(成人为1/8),腿占1/3(成人为1/2)。

2.乳儿动作的发展

(1)抬头。2个月的乳儿趴在床上时会尝试着抬头。

(2)翻身。3个月的乳儿开始尝试翻身。4个月左右的乳儿开始能翻身。

(3)坐。4个月的乳儿的头能稳稳当当地竖起。

(4)爬。在5~6个月时,乳儿就为爬行做准备了。8~9个月时,乳儿就会爬了。

(5)站。10个月的乳儿已从坐位发展到站位了。

(6)走。一般来说,乳儿10个月至1岁开始学走路,到1岁半左右就可以独自行走了。

(7)手部动作。乳儿4~5个月以后,手眼协调动作就发生了。

3.乳儿心理发展的特点

(1)认知的发展。这一时期乳儿感知觉发展迅速。

(2)6个月左右开始认生。

(3)言语开始萌芽。满半岁以后,乳儿喜欢发出各种声音。

(4)出现了亲子依恋。亲子依恋是乳儿在躯体上和心理上寻求与抚养人保持亲密联系的一种倾向,常表现为微笑、啼哭、咿咿呀呀、依偎、追随等。乳儿6~7个月时亲子依恋开始明显。良好的亲子依恋是一种积极的、充满深情的情感联系。

(三)1~3岁儿童心理的发展

1.脑与身体的发展

(1)婴儿1岁时脑重约950克,脑细胞的数目不再增加,细胞的突起却由短变长、由少到多。细胞的突起相互搭接,建立起复杂的联系,为儿童智力发展提供了生理基础。

婴儿大脑皮层功能的发育较形态发育缓慢,出生时存在某些维持生命的生理功能的反射活动,以后随大脑及各感觉器官的发育,在先天性非条件反射的基础上产生后天的条件反射。儿童年龄越小,大脑发育就越不成熟,形成的条件反射少、速度慢、较不稳定。婴儿出生时中脑、脑桥、延髓已具备生理功能,保证其出生时有较好的呼吸、血液循环等维持生命。小脑是婴儿出生时神经系统发育较差的部分。小脑的功能主要与运动有关,能维持身体的平衡和协调。小脑在婴儿出生 6 个月时达到生长的高峰,以后逐渐减慢。

(2)2.5~3 岁的儿童脑重增至 900~1 011 克。人体的大脑有两个时期发育最快:一是受孕的第 3 周至第 18 周,胎儿脑细胞增殖最快,是大脑生长发育的大突发期;二是婴儿出生后的第 3 个月开始至 1 岁半,是大脑细胞增长的又一高峰期。1~2 岁儿童脑组织的生长发育已基本完成。

3~4 个月后,婴儿大脑皮层有了鉴别功能,开始形成抑制性条件反射,2 岁后的儿童可逐渐利用第二信号系统形成条件反射。儿童 2~3 岁时小脑尚未发育完善,随意运动仍不准确。

2.动作的发展

(1)身体动作。儿童 1 岁左右开始学习独立行走,但走不稳,步子僵硬,头向前,前脚掌着地,走得快,经常摔跤。

1 岁左右的儿童走不稳的原因有三个:一是头重脚轻,难以保持平衡;二是骨骼、肌肉比较嫩弱,不能有力地支撑身体直立行走;三是神经系统协调动作的能力尚未发育完善,全身动作不能协调一致。

(2)手的动作。儿童 1 岁时,手逐渐灵活,能根据物体的特点和功用采取适当的动作。

3.心理发展的特点

许多心理学家认为,1~3 岁是儿童心理发展的一个重要的转折期。

(1)言语的形成。

(2)思维的萌芽。

(3)自我意识的萌芽。2 岁左右,儿童出现自我意识的萌芽,其突出表现是独立行动的愿望很强烈。

三、3~6 岁儿童心理的发展

1.脑与身体的发展

在最初的几年,儿童的脑与神经系统发育最快,到学前期其发育已接近成人。儿童 6 岁时脑重已达 1 200 克左右,7 岁儿童的脑重约为 1 280 克,而成年人的脑重平均约为 1 400 克。神经系统也随着儿童年龄的增长而逐渐发育。

儿童 6 岁时小脑发育达到成人水平,随意运动准确性有较大的提高。

身体的发展表现在:儿童体质的增强,使身体的组织结构和功能不断完善;骨骼肌肉系统的发育较婴儿期有了进一步发展,控制大肌肉的能力不断完善,大脑调控能力有所增强。

2.动作的发展

在幼儿园教师的教育和训练下,儿童双手的协调性和灵活性有了进一步的发展。儿童肌肉动作发展显著,能进行多种自主运动,已经具有了一定的平衡能力,动作协调灵敏。

3.心理发展的特点

年龄	心理发展的特点
3～6岁(幼儿期)	①认识活动的具体形象性 ②心理活动及行为的无意性 ③开始形成最初的个性倾向
3～4岁(幼儿初期)	①行为具有强烈的情绪性 ②爱模仿 ③思维仍带有直觉行动性
4～5岁(幼儿中期)	①爱玩、会玩 ②思维的具体形象性 ③开始接受任务 ④初步具有规则意识
5～6岁(幼儿晚期)	①好学、好问 ②抽象概括能力开始发展 ③开始掌握认知规律 ④个性初具雏形

▲【真题链接】

一、单项选择题

1.(2013年上半年《保教知识与能力》)婴儿手眼协调的标志性动作是( )。

　　A.无意触摸到东西　　　　　　　　B.伸手拿到看见的东西

　　C.握住手里的东西　　　　　　　　D.玩弄手指

【答案】B。解析:手眼协调动作,指眼睛的视线和手的动作能够配合,手的运动和眼球的运动协调一致,即能拿到看见的东西。

2.(2016年下半年《保教知识与能力》)婴幼儿的"认生"现象通常出现在( )。

　　A.3～6个月　　　　B.6～12个月　　　　C.1～2岁　　　　D.2～3岁

答案:A。解析:5～6个月的婴幼儿开始认生,也就是说,他对交往的人有所选择。这是儿童认知发展和社会性发展过程中的重要变化,明显表现为感知辨别能力和记忆能力的发展。儿童情绪和人际发展上的重大变化,是出现对人的依恋态度。需要注意的是认生不一定"怯生"。

3.(2014年下半年《保教知识与能力》)婴儿手眼协调发生时间(　　)。

A.2~3个月　　　　B.4~5个月　　　　C.7~8个月　　　　D.9~10个月

【答案】B。解析:考点为乳儿动作的发展,详见教材原文。

4.(2016年下半年《保教知识与能力》)教师要依据幼儿的个体差异表现进行教育,下列现象不属于幼儿个体差异表现的是(　　)。

　　A.某幼儿平常吃饭很慢,今天为了得到老师表扬,吃得很快

　　B.有的幼儿吃饭快,有的幼儿吃饭慢

　　C.某幼儿动手能力强,但语言能力弱于同龄儿童

　　D.男孩通常比女孩表现出更多的身体攻击性行为

答案:A。解析:个别差异一般指个性差异,即个体在稳定的心理特点上的差异。幼儿个别差异指幼儿在幼儿园学习与教学情境下,在性别、智力、认知方式及性格等方面的差别。A没有和其他小朋友比较,只是和自己比较,D属于性别差异,C属于能力类型的差异。

5.(2022年下半年《保教知识与能力》)某一时期,儿童学习某种知识和形成某种能力比较容易,心理某个方面的发展最为迅速,儿童心理发展的这个时期被称为(　　)。

A.反抗期　　　　B.敏感期　　　　C.转折期　　　　D.危机期

【答案】B。略。

二、简答题

(2017年下半年《保教知识与能力》)为什么幼儿园教育内容要贴近幼儿的生活?

【答题要点】

(1)生活化和一日生活整体性的原则。由于学前儿童生理、心理的特点,对儿童的教育要特别注重生活化,并发挥一日生活的整体功能。生活化首先就是指教育生活化,也就是说要将富有教育意义的生活内容纳入课程领域。生活化还有一种含义就是指生活教育化,也就是将学前儿童日常生活中已获得的原有经验加以系统化、条理化,在生活中适时引导,促进学前儿童发展。教师通过帮助儿童组织已获得的零散的生活经验,使经验系统化、完整化。此外,活动的内容选择、活动的实施等都要注意生活化。

(2)幼儿园教育具有生活化的特点。幼儿园教育活动带有浓厚的生活化特征,活动内容来源于生活,活动实施更要贯穿幼儿的生活。

(3)学前儿童的身心发展特点决定了幼儿园教育的生活化,学前儿童教育必须是保教并重的,必须寓教育于儿童的一日生活之中。日常生活是学前儿童教育的重要内容,也是教育的重要途径。《幼儿园教育指导纲要(试行)》(以下简称《纲要》)指出,幼儿园教育活动内容的选择应"既贴近幼儿的生活来选择幼儿感兴趣的事物和问题,又有助于拓展幼儿的经验和视野",幼儿园"教育活动内容的组织应充分考虑幼儿的学习特点和认识规律,各领域的内容要有机联系,相互渗透,注重综合性、趣味性、活动性,寓教育于生活、游戏之中"。

三、论述题

（2013年上半年《保教知识与能力》）根据幼儿园教育的特点和幼儿身心发展的规律，论述幼儿园为什么不能"小学化"。

【答题要点】

首先，幼儿园教育有其自身特点。

幼儿园教育是基础教育的重要组成部分，是我国学校教育和终身教育的奠基阶段。城乡各类幼儿园都应该从实际出发，因地制宜地实施素质教育，为幼儿一生的发展打好基础。幼儿园应为幼儿提供健康、丰富的生活与活动环境，满足他们多方面发展的需要，使他们在快乐的童年生活中获得有益于身心发展的经验。

其次，幼儿有其自身的身心发展规律。

①顺序性。个体身心发展在整体上具有一定的顺序，身心发展的个别过程和特点的出现也具有一定的顺序。这就要求教育活动必须遵循循序渐进的原则，无论是知识的学习、能力的培养还是品德的养成，都应该由简入繁、由易到难、由具体到抽象，逐步推进。

②阶段性。个体在不同年龄阶段表现出身心发展不同的总体特征及主要矛盾，面临着不同的发展任务，这就是身心发展的阶段性特点。这一特点要求教育要有针对性，对处于不同发展阶段的儿童，要制订不同的教育目标，采取不同的教育方法，有的放矢。

③不平衡性。个体身心发展的不平衡性表现在两个方面：一是发展速度的不平衡，在不同年龄阶段的变化发展是不平衡的；二是不同方面的发展具有不平衡性。个体身心的某些方面在较早的年龄就已达到较高的发展水平，而有些方面则需要到较晚的年龄阶段才能达到成熟的水平。这一特点要求教育活动要分析个体各方面发展的最佳时期，"对症下药"，才能取得最好的教育效果。

因此，"小学化"倾向不仅不利于幼儿未来的学习，还会严重干扰幼儿园正常秩序的开展，不利于幼儿身心和全面发展。

四、材料分析题

（2022年上半年《保教知识与能力》）从下图中可以看出儿童神经系统发育有什么规律？

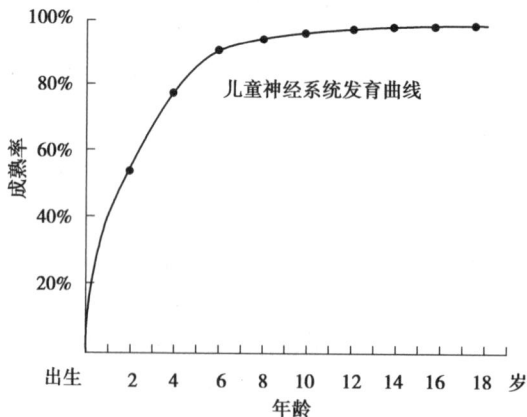

儿童神经系统发育曲线

【答题要点】

(1)儿童神经系统6岁前发育迅速。由图中我们可以看出儿童从出生到6岁,神经系统的成熟率变化非常快,说明婴幼儿神经系统的形态和功能以及心理发展的速度都相当迅速。许多研究表明,幼儿时期特别是5岁前是儿童智力发育的重要时期。

(2)神经系统的发育速度不均衡。婴幼儿时期幼儿的神经系统已基本发育成熟,6岁后趋于平稳发展。

▲【国赛链接】

(2019年国赛题)材料分析题——哪个答案老师比较满意呢?

案例材料:

在一次幼儿的教育活动中,王老师提出一个问题。老师说完后,请小朋友们回答。明明说:"是××。"王老师亲切地说:"你坐下再想想。"超超说:"是×××。"王老师笑着说:"好!你先听听别人怎么说。"莉莉说:"是××××。"王老师点点头说:"你先坐下吧!""你说",接下来,"你说"、"你来说"王老师一个接一个地请小朋友回答。显然,王老师不满意幼儿不正确的答案,但她没有否定他们的答案,只是请他们再听听、再想想、再猜猜。

终于,红红说出了"正确"答案:"这是×××。"王老师马上问大家:"红红说得对吗?"孩子们齐声应答道:"对!"王老师说:"那我们应该怎么办?"孩子们一起习惯地拍手说:"棒!棒!你真棒!……"

王老师说:"对!红红真会动脑筋,真聪明!下面我再提一个问题,小朋友要仔细听、认真想,看看哪位小朋友能像红红一样聪明!"

问题:

请分析案例中老师的教育行为是否适宜?请说明理由。

【答题要点】

回答该题时,关键点有三个:一是正确认识每个学前儿童心理发展具有个别差异,思维和言语发展存在差别,教育不能将儿童发展整齐划一,更不能将两个发展不一样的儿童进行比较;二是在引导学前儿童发展时要顺应、尊重学前儿童自身的发展规律;三是在尊重学前儿童发展规律和特点的前提下,尽量引导学前儿童,促进其发展,言之有理即可。

◇【本章思考与练习】

一、识记知识

(一)单项选择题

1.乳儿期的年龄阶段是(　　)。

  A.0~1岁   B.6~12月   C.1~6月   D.0~1月

2.幼儿出现最初的独立性是在(　　)。

  A.1~3岁   B.4~5岁   C.5~6岁   D.3~4岁

3.错过儿童心理发展的敏感期或最佳期,则(　　)。

　　A.儿童就不能学习或形成某种知识或能力

　　B.儿童会很快地发展自己的能力

　　C.儿童学习某种知识或某种能力的形成比较困难

　　D.儿童的生理发展会超过心理发展

4.从学前儿童心理"量变"到"质变"的表现来看,连续性和阶段性的关系是(　　)。

　　A.有连续性,就不可能有阶段性　　　　B.有阶段性就不可能有连续性

　　C.绝对对立的　　　　　　　　　　　　D.辩证统一的

5.有的教师一谈到幼小衔接,马上就想到让幼儿认汉字、学拼音、做算术题,而对体、智、德、美、劳各方面的全面准备重视不够,这忽视了(　　)的指导思想。

　　A.长期性而非突击性　　　　　　　　　B.整体性而非单项性

　　C.多样性　　　　　　　　　　　　　　D.均衡化

6.幼儿全面发展教育是以(　　)为前提,以促进幼儿在体、智、德、美、劳各方面全面和谐发展为宗旨的。

　　A.幼儿身心发展的可能　　　　　　　　B.幼儿目前的发展状况

　　C.幼儿的潜力　　　　　　　　　　　　D.幼儿身心发展的现实与可能

7.(　　)是保证幼儿各方面健康发展的前提。

　　A.幼儿适应环境和抗疾病的能力　　　　B.良好的生活习惯

　　C.参加体育活动的兴趣　　　　　　　　D.促进幼儿身体正常发育

8.幼儿教育的阶段性由(　　)决定。

　　A.幼儿身心发展的年龄特征　　　　　　B.幼儿的身心发展水平

　　C.幼儿身心发展的速度　　　　　　　　D.幼儿的家庭环境

(二)简答题

1.列举你所知道的学前儿童心理发展特点,至少5点。

2.简述学前儿童心理发展的一般趋势。

二、理解知识

1.心理发生的标志是(　　)。

　　A.条件反射　　　　　　　　　　　　　B.非条件反射

　　C.基础反射　　　　　　　　　　　　　D.条件反射的出现

2.下列选项属于新生儿条件反射建立方式是(　　)。

　　A.定向反射　　　　　B.动觉　　　　　C.言语　　　　　　D.模仿

3.下列对新生儿心理发展的描述正确的是(　　)。

　　A.刚出生时,新生儿的最佳视距是20厘米

　　B.刚出生时,新生儿最发达的是听觉

　　C.刚出生时,新生儿就能握住手里的东西

　　D.刚出生时,新生儿就产生第一次微笑

4.下列描述乳儿动作发展正确的是(　　　)。

  A.3 个月的乳儿开始尝试翻身   B.4 个月的乳儿开始尝试翻身

  C.5 个月的乳儿开始尝试翻身   D.6 个月的乳儿开始尝试翻身

5.下列描述乳儿心理发展的特点正确的是(　　　)。

  A.3 个月左右开始认生   B.4 个月左右开始认生

  C.5 个月左右开始认生   D.6 个月左右开始认生

6.下列描述 1~3 岁儿童心理发展正确的是(　　　)。

  A.2 岁左右,儿童出现自我意识的萌芽

  B.3 岁左右,儿童出现自我意识的萌芽

  C.4 岁左右,儿童出现自我意识的萌芽

  D.5 岁左右,儿童出现自我意识的萌芽

7.下列描述 3~6 岁儿童心理发展正确的是(　　　)。

  A.2~3 岁,儿童抽象概括能力开始发展

  B.3~4 岁,儿童抽象概括能力开始发展

  C.4~5 岁,儿童抽象概括能力开始发展

  D.5~6 岁,儿童抽象概括能力开始发展

8.下列描述 3~6 岁儿童心理发展正确的是(　　　)。

  A.2~3 岁,儿童个性初具雏形   B.3~4 岁,儿童个性初具雏形

  C.4~5 岁,儿童个性初具雏形   D.5~6 岁,儿童个性初具雏形

三、简单运用

  同一年龄阶段的儿童无论在身体还是心理方面都存在着发展的共同趋势和规律,但对每个儿童而言,其发展的速度、优势领域和最终发展水平等都有可能不同。

  (1)材料说明学前儿童心理发展具有什么特点?

  (2)这种现象对学前儿童教育有何启示?

四、综合运用

  小班张老师观察发现,小明和小红上楼时都没有借助扶手,而是双脚交替上楼梯;下楼时,小明扶着扶手双脚交替下楼梯,小红则没有借助扶手,每级台阶都是一只脚先下,另一只脚跟上慢慢下。

  分析案例,请回答如下问题:

  (1)结合学前儿童心理发展的一般特点,谈谈应如何看待这两名幼儿的表现?

  (2)根据影响学前儿童心理发展的因素,分析这两名幼儿的表现存在差异的可能原因。

第三章
学前儿童注意的发展

■ **学习目标**

1.理解注意的概念、分类、特性等基础知识。

2.掌握学前儿童注意发展的年龄特征。

3.能够运用所学知识分析学前儿童的行为表现,提高教育教学活动的适宜性。

■ **重点难点**

重点:理解注意的基本知识及学前儿童注意发展的年龄特征。

难点:能够运用所学知识分析学前儿童的行为表现,提高教育教学活动的适宜性。

■ **本章导学/含考纲要点简要说明**

从历年幼儿园教师资格考试真题来看,本章所涉题型基本为选择题和材料分析题。其中,选择题主要围绕学前儿童有意/无意注意的年龄特点及有意注意的保持时间命题,材料分析题则更多地依托学前儿童注意的发展特点,融合教育教学活动进行综合考查,凸显应用性和适岗性。

■ 本章思维导图

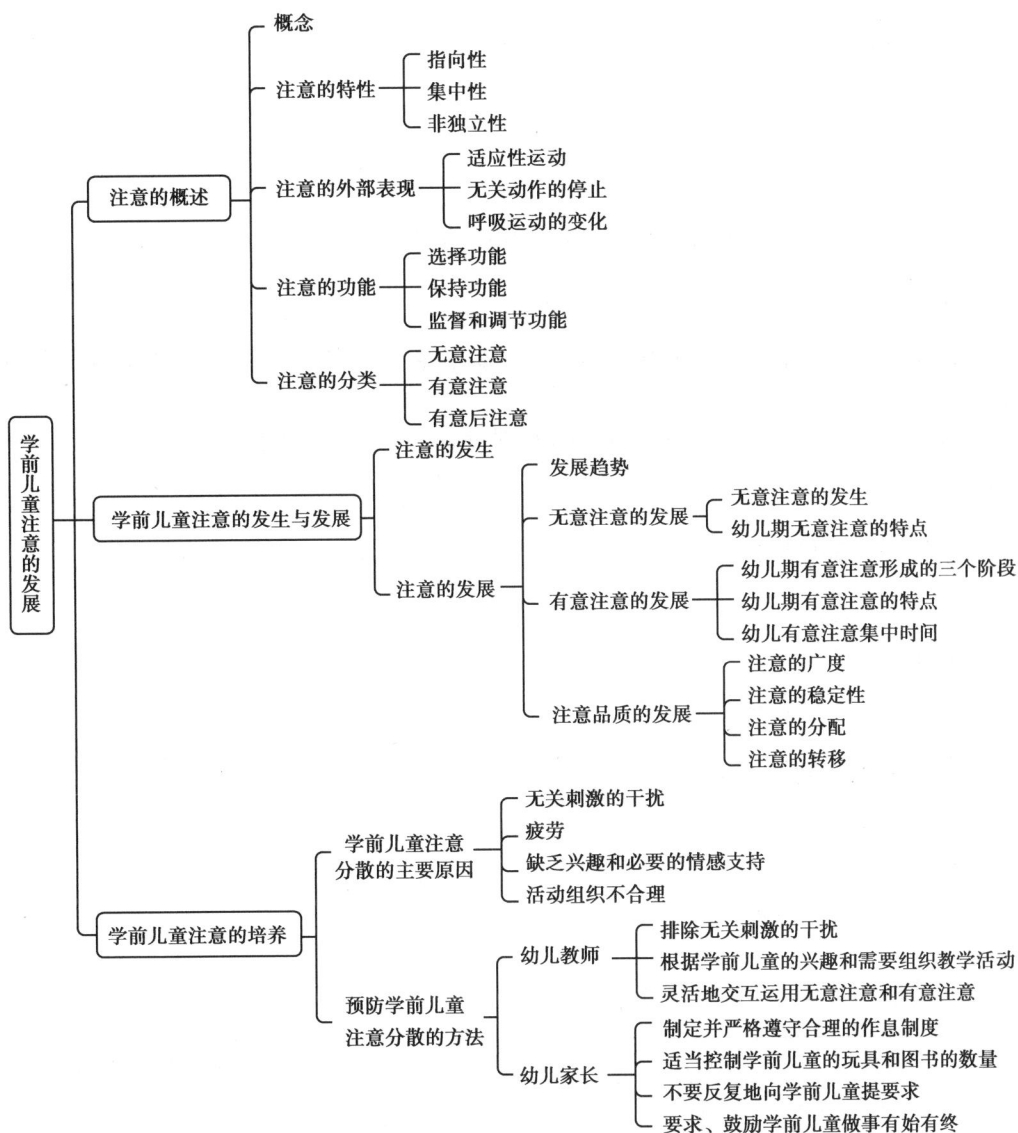

```
学前儿童注意的发展
├─ 注意的概述
│   ├─ 概念
│   ├─ 注意的特性
│   │   ├─ 指向性
│   │   ├─ 集中性
│   │   └─ 非独立性
│   ├─ 注意的外部表现
│   │   ├─ 适应性运动
│   │   ├─ 无关动作的停止
│   │   └─ 呼吸运动的变化
│   ├─ 注意的功能
│   │   ├─ 选择功能
│   │   ├─ 保持功能
│   │   └─ 监督和调节功能
│   └─ 注意的分类
│       ├─ 无意注意
│       ├─ 有意注意
│       └─ 有意后注意
├─ 学前儿童注意的发生与发展
│   ├─ 注意的发生
│   │   └─ 发展趋势
│   └─ 注意的发展
│       ├─ 无意注意的发展
│       │   ├─ 无意注意的发生
│       │   └─ 幼儿期无意注意的特点
│       ├─ 有意注意的发展
│       │   ├─ 幼儿期有意注意形成的三个阶段
│       │   ├─ 幼儿期有意注意的特点
│       │   └─ 幼儿有意注意集中时间
│       └─ 注意品质的发展
│           ├─ 注意的广度
│           ├─ 注意的稳定性
│           ├─ 注意的分配
│           └─ 注意的转移
└─ 学前儿童注意的培养
    ├─ 学前儿童注意分散的主要原因
    │   ├─ 无关刺激的干扰
    │   ├─ 疲劳
    │   ├─ 缺乏兴趣和必要的情感支持
    │   └─ 活动组织不合理
    └─ 预防学前儿童注意分散的方法
        ├─ 幼儿教师
        │   ├─ 排除无关刺激的干扰
        │   ├─ 根据学前儿童的兴趣和需要组织教学活动
        │   └─ 灵活地交互运用无意注意和有意注意
        └─ 幼儿家长
            ├─ 制定并严格遵守合理的作息制度
            ├─ 适当控制学前儿童的玩具和图书的数量
            ├─ 不要反复地向学前儿童提要求
            └─ 要求、鼓励学前儿童做事有始有终
```

🔍 **知识要点解析**

一、注意的概述

（一）概念

（1）概念：注意是指心理活动对一定对象的指向和集中。

（2）注意的特性：

①指向性：指人的心理活动或意识选择了某个对象，而忽略了另一些对象。

②集中性：当心理活动和意识指向某个对象时，它们会在这个对象上集中起来，即全神贯注。

③非独立性：注意不是一种独立的心理过程，而是伴随其他心理过程的一种积极状态。

（二）注意的外部表现

①适应性运动。

②无关动作的停止。

③呼吸运动的变化。

（三）注意的功能

①选择功能。

②保持功能。

③监督和调节功能。

（四）注意的分类

分类依据	类别	含义	引起和保持注意的原因
有无预定目的、保持注意是否需要意志努力	无意注意	又称不随意注意，指既无预定目的，也不需要意志努力的注意。	1.刺激物的特点（客观） （1）刺激物的新异性； （2）刺激物的强度； （3）刺激物的运动变化； （4）刺激物之间的对比关系。 2.主体自身的状态（主观） （1）主体自身的需要和兴趣； （2）主体自身的情绪状态； （3）主体自身的知识经验。

分类依据	类别	含义	引起和保持注意的原因
有无预定目的、保持注意是否需要意志努力	有意注意	又称随意注意,指有预定目的、需要一定意志努力的注意。	1.活动目的与任务的明确性。 2.对活动的间接兴趣。 3.活动组织的合理性。 4.与已有知识经验的联系。 5.良好的意志品质。
特殊形式——兼具无意和有意注意的特点	有意后注意	也称为随意后注意,是一种有着自觉目的,但无须意志努力的注意。	1.培养有意后注意的关键在于发展对活动的直接兴趣。 2.熟练和系统化。

二、学前儿童注意的发生与发展

（一）注意的发生（新生儿的注意）

（1）原始的注意行为:无条件定向反射。

（2）选择性注意的发展:感觉偏好。

（二）注意的发展

1.发展趋势

年龄阶段	发展特点
婴儿期	基本都是无意注意
先学前期	仍以无意注意为主
幼儿期	无意注意占优势地位,有意注意逐渐发展

2.无意注意的发展

（1）无意注意的发生:新生儿的视觉集中和听觉集中现象。

（2）幼儿期无意注意的特点:

①刺激物的物理属性仍是引起无意注意的主要因素。

②与学前儿童的兴趣和需要相关的事物,逐渐成为引起学前儿童无意注意的原因。

③无意注意随学前儿童年龄增长不断稳定和深入。

3.有意注意的发展

（1）幼儿期有意注意的形成大致经过三个阶段：

第一阶段,学前儿童的注意由成人的言语指令引起和调节。

第二阶段,学前儿童通过自言自语控制和调节自己的行为。

第三阶段,学前儿童运用内部言语指令控制、调节行为。

（2）幼儿期有意注意的特点：

①有意注意受大脑发育水平的局限,幼儿期的有意注意处于初步形成阶段。

②有意注意受外部环境的影响,成人的引导对学前儿童有意注意的发展有很大的帮助。

③有意注意通过活动得以实现。

（3）幼儿有意注意集中时间：

年龄班	有意注意集中时间
小班	3~5分钟
中班	10分钟
大班	15分钟

4.注意品质的发展

品质	含义	影响因素	幼儿期的发展特点
广度	又称注意的范围,指在单位时间内能清楚地把握对象的数量。	①注意对象的特点。 ②主体的知识经验。 ③注意的广度有一定生理制约性。	广度较小。
稳定性	又称注意的持久性,指在同一对象或活动上所保持时间的长短。 ※注意的稳定性是一种动态的稳定。	①注意对象的特点。 ②主体状态。	①学前儿童注意的稳定性较差,但随年龄的增长,注意的稳定性不断提高。 ②注意的稳定性有差异,适宜的活动方式、对象新颖生动能使学前儿童更好地保持注意集中。
分配	指在单位时间内,把注意指向两种或多种不同的对象或活动。	基本条件:同时进行的两种或多种活动中至少有一种非常熟练。	学前儿童掌握的熟练技巧较少,注意的分配比较困难;但随着活动能力的增强,注意分配的能力也逐渐提高。

续表

品质	含义	影响因素	幼儿期的发展特点
转移	指根据任务主动地、及时地从一个对象或一种活动转移到另一个对象或另一种活动中去。※注意的转移不同于注意的分散。转移是注意的积极品质,分散则是消极品质。	①对原活动的集中程度。②前后活动的性质、关系以及人们对它们的态度。	学前儿童易分心,不善于根据任务的需要灵活地转移注意。

三、学前儿童注意的培养

(一)学前儿童注意分散的主要原因

(1)无关刺激的干扰。

(2)疲劳。

(3)缺乏兴趣和必要的情感支持。

(4)活动组织不合理。

(二)预防学前儿童注意分散的方法

幼儿教师	①排除无关刺激的干扰。②根据学前儿童的兴趣和需要组织教学活动。③灵活地交互运用无意注意和有意注意。
幼儿家长	①制定并严格遵守合理的作息制度。②适当控制学前儿童的玩具和图书的数量。③不要反复地向学前儿童提要求。④要求、鼓励学前儿童做事有始有终。

▲【真题链接】

一、单项选择题

1.(2012年下半年《保教知识与能力》)儿童一进场就被漂亮的玩具吸引,儿童在这一刻出现的心理现象是( )。

A.注意 B.想象 C.需要 D.思维

【答案】A。解析:注意是心理活动对一定对象的指向和集中,题干所述情形符合注意的概念。

2.(2014年上半年《保教知识与能力》)小班集体教学活动一般都安排15分钟左右,是因为幼儿有意注意时间一般是(   )。

A.20~25分钟   B.3~5分钟   C.15~18分钟   D.10~12分钟

【答案】B。解析:一般而言,小班儿童的有意注意只能保持3~5分钟。

3.(2019年上半年《保教知识与能力》)幼儿认真完整地听完老师讲的故事,这一现象反映了幼儿注意的什么特征?(   )

A.注意的选择性   B.注意的广度

C.注意的稳定性   D.注意的分配

【答案】C。解析:本题考查学前儿童注意的发展。注意的稳定性是指注意力在同一活动范围内所维持的时间长短,学前儿童认真完整地听完老师讲的故事,说的是注意的稳定性。

4.(2021年下半年《保教知识与能力》)幼儿期注意发展的特点是(   )。

A.无意注意占优势,有意注意逐渐发展

B.有意注意占优势,无意注意逐渐发展

C.无意注意逐渐发展,有意注意未发现

D.有意注意逐渐发展,无意注意未出现

【答案】A。解析:幼儿期注意发展的特点是无意注意占优势,有意注意逐渐发展。

二、简答题

(2019年下半年《保教知识与能力》)教师可以从哪些方面观察幼儿的注意是否集中?

【答题要点】注意的集中性,不仅指在同一时间内各种有关心理活动聚集在其所选择的对象上,也指这些心理活动"深入于"该对象的程度。教师可以从以下几个方面观察幼儿的注意力是否集中:观察幼儿在集体教育活动和游戏中的注意类型、注意维持的时间和注意发生时的行为表现。

(1)注意类型:注意分为无意注意和有意注意两种。无意注意:无预定目的且不需要意志努力的注意,主要受刺激物本身的特点影响,包括刺激物的强度、新异性、运动变化及对比关系等。有意注意:有预定目的并且需要意志努力的注意。当主体对活动有明确目的,并具有坚强的意志和抗干扰能力时,能保持较高水平的有意注意。幼儿逐渐学习一些注意方法。幼儿注意的杂乱性减少,变得更专一,更能获取信息。

(2)注意维持的时间:在良好的教育环境下,3岁幼儿能集中注意3~5分钟,4岁幼儿能集中注意10分钟,5~6岁幼儿能集中注意15分钟左右,如果教师组织得法,5~6岁幼儿可以集中注意20分钟。

(3)注意发生时的行为表现:①适应性运动。幼儿在注意某一对象时,通常会形成有利于指向和集中的动作与状态。如注意听时的"侧耳倾听",注意看时的"目不转睛",注意想时的"全神贯注"。②无关运动停止。当注意发生时,幼儿会终止与注意无关的动作。例如,幼儿注意听讲时,会停止小动作或不再交头接耳,表现得非常专注和安静。

③呼吸运动变化。注意发生时,幼儿的呼吸会变得轻微和缓慢,而且呼吸时间也会发生变化,通常是呼得更长、吸得短促。

(4)幼儿园教师可以在一日生活的各个环节中观察幼儿在进行各种环节的活动时是否能够按照教师的要求顺利进行。

▲【国赛链接】

1.(2018年国赛)"一目十行""眼观六路,耳听八方"指的是注意的(　　)。

　　A.稳定性　　　　　　B.广度　　　　　　C.选择　　　　　　D.集中

【答案】B。解析:注意的广度又称为注意的范围,是指一个人在同一时间内能清楚地觉察到的客体的数量。

2.(2018年国赛)老师组织活动时,有的幼儿在参与活动时交头接耳,左顾右盼,这属于(　　)。

　　A.注意的分配　　　B.注意的转移　　　C.注意的分散　　　D.有意识注意

【答案】C。解析:注意离开了心理活动所要指向的对象,转到无关对象上去的现象叫注意分散。

3.(2018年国赛)幼儿在绘画时常常"顾此失彼",说明幼儿注意的(　　)较差。

　　A.稳定性　　　　　　B.分配能力　　　　C.广度　　　　　　D.范围

【答案】B。解析:注意分配是指在同一时间内,把注意指向不同的对象,同时从事几种不同活动的现象。

4.(2018年国赛)在上课的幼儿往往很容易注意到飞进教室的蝴蝶,这种注意是(　　)。

　　A.无意注意　　　　B.有意注意　　　　C.有意后注意　　　D.无意后注意

【答案】A。解析:无意注意又称不随意注意,是没有预定目的、不需要意志努力、不由自主地对一定事物所产生的注意。突然出现的新异刺激,诸如题干中的蝴蝶,最易引起无意注意。

5.(2018年国赛)李老师在给幼儿讲故事,但窗外叽叽喳喳的鸟叫声却引起儿童不由自主的注意。这是(　　)。

　　A.无意注意　　　　B.有意注意　　　　C.有意后注意　　　D.特别注意

【答案】A。解析同上。

6.(2018年国赛)一个人能同时把歌唱好,能把舞跳好,能注意在队列中与别人对齐,是注意的(　　)能力好。

　　A.广度　　　　　　B.稳定性　　　　　C.转移　　　　　　D.分配

【答案】D。解析:注意分配是指在同一时间内,把注意指向不同的对象,同时从事几种不同活动的现象。

7.(2018年国赛)幼儿不被窗外其他孩子玩耍的笑声所吸引,努力控制自己专心画画,这是(　　)。

　　A.无意注意　　　　B.有意注意　　　　C.有意后注意　　　D.无意后注意

【答案】B。解析:有意注意是有目的、需要一定意志努力的注意。幼儿自觉集中注意,抵抗干扰,体现了有意注意的特点。

8.(2018年国赛)幼儿吃饭时,如果注意听别人说话就会停止吃饭。这是因为幼儿注意的(　　)能力较差。

  A.稳定性　　　　　B.广度　　　　　C.选择性　　　　　D.分配

【答案】D。解析:注意分配是指在同一时间内,把注意指向不同的对象,同时从事几种不同活动的现象。幼儿不能做到边听边吃饭,体现了其注意分配能力较差。

9.(2019年国赛)老师在讲故事时,经常会用不同的语气、语速来表现故事中不同角色,这样做是为了引起幼儿的(　　)。

  A.无意注意　　　　B.有意注意　　　　C.有意后注意　　　　D.注意转移

【答案】A。解析:充满变化的听觉体验更易引起无意注意。

10.(2019年国赛)当教室中一片喧哗时,教师突然放低声音或停止说话,会引起幼儿的注意,这是(　　)。

  A.刺激物的物理特性引起幼儿的无意注意

  B.与幼儿的需要关系密切的刺激物,引起幼儿的无意注意

  C.在成人的组织和引导下,引起幼儿的有意注意

  D.利用活动引起幼儿的有意注意

【答案】A。解析:音量的对比引起无意注意。

【能力拓展】

一、项目名称

学前儿童注意力的观察与评价。

二、目标

能够使用所提供的观察工具对学前儿童的注意力进行观察与评价。

三、知识准备

了解等级评定法。

四、操作指导

(1)熟悉并掌握学前儿童注意发展的特点。

(2)选取观察对象:从小、中、大班任意选取若干名幼儿进行观察。

(3)结合本章知识,记录并分析学前儿童注意力的发展水平及特点。

五、参考资料

学前儿童注意力观察记录表

对照下列项目进行观察,并填写适当的分数。"完全做到"2分,"偶尔做不到"1分,"完全做不到"0分。

	主要观测点	分数
1	吃饭时,能自己使用筷子,饭菜不会泼洒,也不会中途嬉戏,专心地吃完饭。	

续表

	主要观测点	分数
2	念图画书给他听时,会边听边看图画书,安静地听。	
3	看儿童电视节目或卡通影片,能持续看到节目结束。	
4	会使用喜欢的玩具或道具,一个人玩30分钟以上。	
5	能和大家一起看电视或做体操,直到做完为止。	
6	会依照父母的指示,帮忙做简单的家务,并且全部做完。	
7	要求得不到响应时,也不会长时间耍赖哭泣。	
8	不会经常尖声大叫、在屋内到处乱跑。	
9	不会总是孤独一人,被群体排挤在外。	
10	身体没有痒或痛的地方(如鞋子太小、便秘和咳嗽等)。	
	分数合计	

附:学前儿童注意力等级评定标准

等级	水平	小班儿童	中班儿童	大班儿童
A	高	10~20分钟	12~20分钟	14~20分钟
B	中	6~9分钟	9~11分钟	11~13分钟
C	低	0~5分钟	0~8分钟	0~10分钟

(选自《学前儿童心理发展分析与指导》沈雪梅主编)

◇【本章思考与练习】

一、识记知识

(一)单项选择题

1.以下不属于注意基本特点的是( )。

　　A.指向性　　　　　　　　　　　　B.客观性

　　C.集中性　　　　　　　　　　　　D.非独立性

2.以下能引起无意注意的主观条件是( )。

　　A.刺激物之间的对比　　　　　　　B.主体自身的情绪状态

　　C.刺激物的运动变化　　　　　　　D.刺激物的新异性

3.不符合引起和维持有意注意条件的是(　　)。

 A.人的知识经验   B.运用意志,排除干扰

 C.把智力活动与实际操作结合起来 D.培养间接兴趣

4.在良好的教育环境下,5~6岁儿童能集中注意(　　)。

 A.5分钟   B.7分钟   C.10分钟   D.15分钟

5.整个学前期,婴幼儿的(　　)占优势地位。

 A.主观条件 B.客观条件 C.有意注意 D.无意注意

（二）简答题

1.注意的品质有哪些?

2.儿童注意的分散一般由哪些因素引起?如何防止?

二、理解知识

1.儿童在上课时低头搞小动作,教师发现后,最好是(　　)。

 A.叫他的名字   B.叫他站起来

 C.马上叫他站一边   D.走到他身边轻轻地拍拍他

2.用两手同时活动,一手画圆形,一手画方形的方法,可以考察注意的(　　)品质。

 A.分配   B.广度   C.转移   D.稳定性

3.教师在班上用眼一扫,便知道哪些儿童在,哪些儿童不在。这说明这位教师(　　)好。

 A.注意的广度 B.注意的转移 C.注意的分配 D.注意的稳定

4.教师批改作业用红墨水,是为了引起儿童的(　　)。

 A.有意注意 B.直接兴趣 C.无意注意 D.间接兴趣

5.下列现象属于有意注意的是(　　)。

 A.窗外一声巨响,大家不约而同地把头转向窗外

 B.万绿丛中一点红

 C.跑在第一的小龙突然摔了一跤,爬起来后还坚持跑到了终点

 D.造型独特的、会动的玩具引起幼儿的注意

三、简单运用

1.引起无意注意的原因有哪些?幼儿园教育教学中怎样利用它们吸引儿童?

2.有意注意受哪些因素影响?应该如何培养幼儿的有意注意?

3.为什么张老师在组织幼儿看绘本时,总是要求幼儿一边用手指着画中的内容,她一边讲,有时还问幼儿问题?

四、综合运用

1.为了把课上得更加生动形象,某幼儿教师在上课时带去了不少直观教具,有实物、图片模型等。进教室后,她把这些教具有的放在桌子上,有的挂在黑板上,她想今天的课

一定会达到很好的教学效果,但结果相反。请运用所学的幼儿注意的特点的知识进行分析。

2.某幼儿园来了一位实习教师,她的教学任务是小班的音乐课和中班的绘画课。她初步计划第一堂音乐课以自己的示范表演为主,每隔15分钟休息一次;绘画课主要让幼儿画太阳,每隔20分钟休息一次。虽然她做了精心的准备,但效果不理想。幼儿有的讲话,有的跑出去,不理会她的要求,使这位实习教师非常沮丧。

①试分析出现这种结果的原因。

②你觉得怎样做效果会好些?

3.小班的宇宇在吃饭时,如果一听到有人说话,他就会停止吃饭,把碗筷都放下,去听、去看、去回答别人的问题,有时还站起来比画。

结合以上案例分析:为什么宇宇会有以上的表现,针对此类幼儿,教师应如何教育?

4.刘老师带着幼儿园的孩子到园区观察果树,他们瞧瞧这棵,摸摸那棵。老师将孩子集中在一起,让他们对刚才看到的情况进行表达,孩子们却说不出果树的特征和形态,但是能够说出天上的小鸟在飞,水里的鱼儿在欢快地游动,果树上的蝴蝶在翩翩起舞,操场上的小朋友在玩"丢手绢"……刘老师对这种现状很困惑,不知道原因。

请分析材料所反映的幼儿注意发展的特点,结合材料提出合理的教学建议。

第四章

学前儿童感知觉的发展

■ 学习目标

1.理解感知觉的概念、分类、特性等基础知识。

2.掌握学前儿童感知觉发展的年龄特征及感知规律。

3.能够运用所学知识分析学前儿童行为的发展特点和教育教学活动的适宜性。

■ 重点难点

重点:理解学前儿童感知觉发展的年龄特征及感知规律。

难点:运用所学知识分析学前儿童行为的发展特点和教育教学活动的适宜性。

■ 本章导学/含考纲要点简要说明

从历年幼儿园教师资格考试真题来看,本章所涉题型基本为选择题,主要考查学前儿童感知觉的发展,该部分知识细碎、繁杂,要求精准记忆。而在教育实践中,遵循感知规律进行教学是保障教学效果的关键因素。所以,在学习本章内容时,我们建议通过表格、时间轴等形式将学前儿童发展的关键时间点和典型表现进行对比记忆,同时注意理论联系实际,从案例分析、自身学习经验中丰富知识的变式,加深理解。

■ 本章思维导图

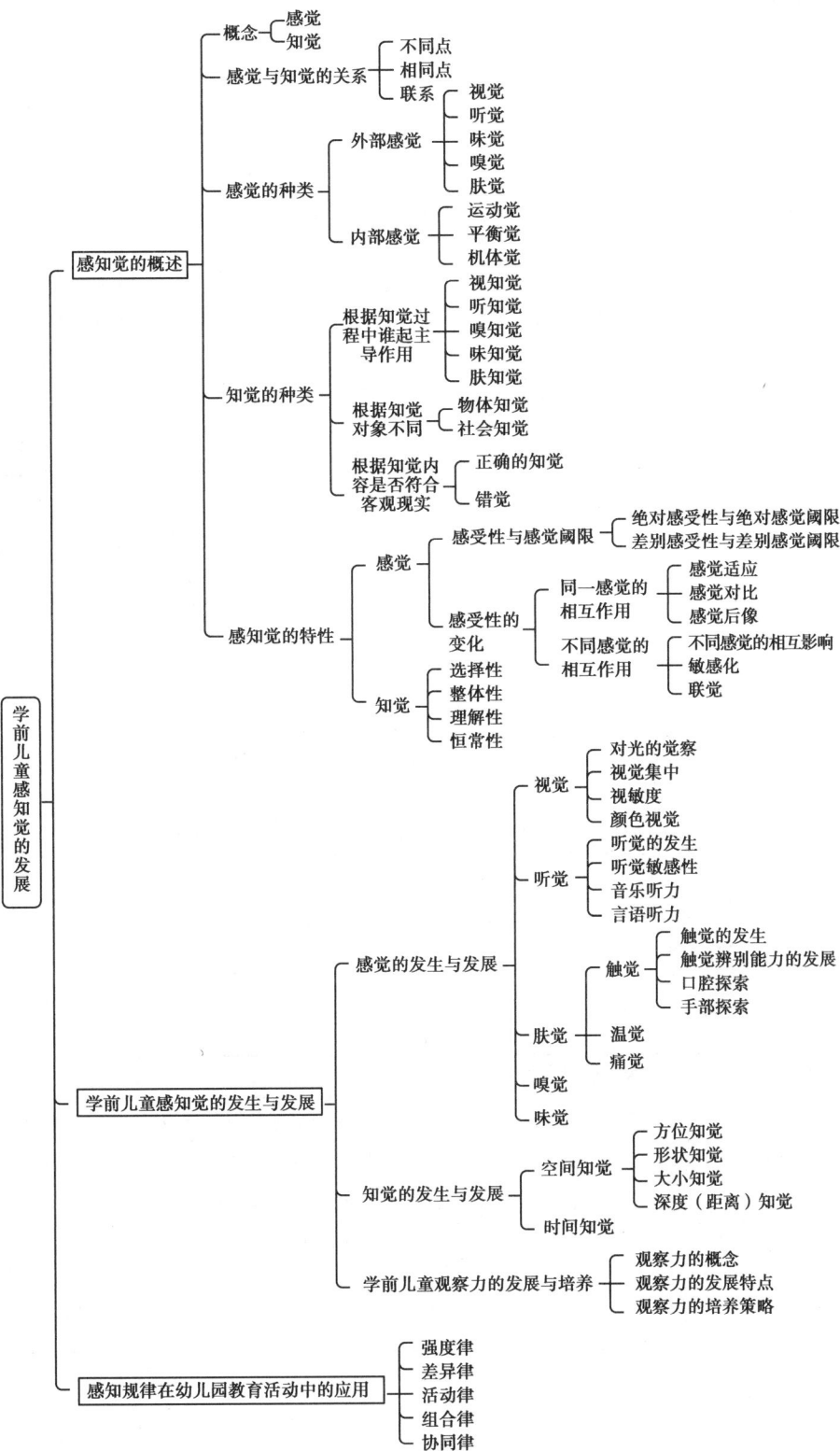

学前儿童感知觉的发展
- 感知觉的概述
  - 概念
    - 感觉
    - 知觉
  - 感觉与知觉的关系
    - 不同点
    - 相同点
    - 联系
  - 感觉的种类
    - 外部感觉
      - 视觉
      - 听觉
      - 味觉
      - 嗅觉
      - 肤觉
    - 内部感觉
      - 运动觉
      - 平衡觉
      - 机体觉
  - 知觉的种类
    - 根据知觉过程中谁起主导作用
      - 视知觉
      - 听知觉
      - 嗅知觉
      - 味知觉
      - 肤知觉
    - 根据知觉对象不同
      - 物体知觉
      - 社会知觉
    - 根据知觉内容是否符合客观现实
      - 正确的知觉
      - 错觉
  - 感知觉的特性
    - 感觉
      - 感受性与感觉阈限
        - 绝对感受性与绝对感觉阈限
        - 差别感受性与差别感觉阈限
      - 感受性的变化
        - 同一感觉的相互作用
          - 感觉适应
          - 感觉对比
          - 感觉后像
        - 不同感觉的相互作用
          - 不同感觉的相互影响
          - 敏感化
          - 联觉
    - 知觉
      - 选择性
      - 整体性
      - 理解性
      - 恒常性
- 学前儿童感知觉的发生与发展
  - 感觉的发生与发展
    - 视觉
      - 对光的觉察
      - 视觉集中
      - 视敏度
      - 颜色视觉
    - 听觉
      - 听觉的发生
      - 听觉敏感性
      - 音乐听力
      - 言语听力
    - 触觉
      - 触觉的发生
      - 触觉辨别能力的发展
      - 口腔探索
      - 手部探索
    - 肤觉
      - 温觉
      - 痛觉
    - 嗅觉
    - 味觉
  - 知觉的发生与发展
    - 空间知觉
      - 方位知觉
      - 形状知觉
      - 大小知觉
      - 深度（距离）知觉
    - 时间知觉
  - 学前儿童观察力的发展与培养
    - 观察力的概念
    - 观察力的发展特点
    - 观察力的培养策略
- 感知规律在幼儿园教育活动中的应用
  - 强度律
  - 差异律
  - 活动律
  - 组合律
  - 协同律

🔍 知识要点解析

一、感知觉的概述

（一）感知觉的概念

（1）感觉:感觉是人脑对直接作用于感觉器官的客观事物个别属性的反映。

（2）知觉:知觉是对感觉信息的组织和解释过程,是人脑对直接作用于感觉器官的事物整体属性的反映。

（二）感觉与知觉的关系

维度		感觉	知觉
不同点	反映对象	个别属性	整体属性
	生理基础	个别感官	多种感官联动
	影响因素	感觉依赖刺激物的特点	知觉过程有主观经验的作用
相同点		均是人脑对直接作用于感觉器官的事物的反映。	
		均是对事物外部特征、外部联系的反映,都是人类的初级认识形式。	
联系		知觉是在感觉的基础上产生的,没有感觉,也就没有知觉。事实上,人总是以知觉的形式直接反映事物,很少有孤立的感觉。	
		感觉到的事物的个别属性越多、越丰富,对事物的知觉也就越准确、越完整。	

（三）感知觉的种类

1.感觉的种类

类别	感觉种类	适宜刺激	感受器	反映属性
外部感觉	视觉	可见光	视网膜上的视锥细胞和视杆细胞	色彩、明暗
	听觉	声波范围	耳蜗内的耳毛细胞	声音
	味觉	溶解于水中的化学物质	分布于舌面、口腔黏膜的味蕾	味道
	嗅觉	有气味的气体	鼻腔黏膜的嗅细胞	气味
	肤觉	机械性刺激/温度/伤害性刺激	皮肤	冷、热、痛、触压等

续表

类别	感觉种类	适宜刺激	感受器	反映属性
内部感觉	运动觉	肌肉的状态和伸展情况,关节的角度变化等	肌肉、肌腱、关节中的神经细胞	身体运动状态、位置变化
	平衡觉	身体位置变化	内耳的前庭器官(包括半规管和椭圆囊)	身体位置变化
	机体觉	内脏器官活动的	内脏器官壁上的神经细胞	饥、渴、气闷、恶心、窒息、牵拉、便意、胀和痛等

2.知觉的种类

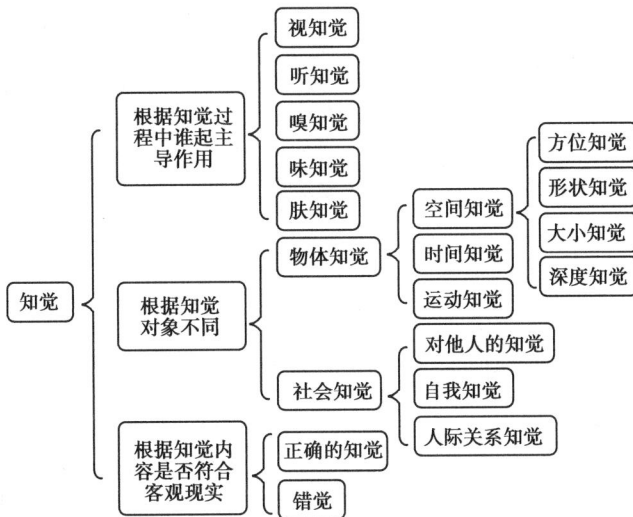

（四）感知觉的特性

1.感觉的特性

特性		概念
感受性	感受性	即对刺激物的感觉能力,分为绝对感受性和差别感受性,是感觉系统功能的基本指标,可用感觉阈限来衡量。
	感觉阈限	1.刚刚能引起感觉的最小刺激量叫绝对感觉阈限,而人的感官觉察这种微弱刺激的能力叫绝对感受性。 2.引起差别感觉的刺激的最小差异量称为差别感觉阈限或最小可觉差,对这一最小差异量的感觉能力叫差别感受性。

续表

特性			概念
感受性的变化	同一感觉的相互作用	感觉适应	1.概念:刺激对感受器的持续作用而使感受性发生变化的现象。 2.类别:视觉适应(明适应和暗适应)、听觉适应、嗅觉适应、味觉适应、触压觉适应、温度觉适应。
		感觉对比	1.概念:同一感受器接受不同的刺激而使感受性发生变化的现象。 2.类别:同时对比、继时对比。
		感觉后像	概念:也称感觉后效,指刺激作用停止后暂时保留的感觉现象。 感觉后像的类别:正后像——品质与原刺激相同 　　　　　　　　负后像——品质与原刺激相反
	不同感觉的相互作用	不同感觉的相互影响	不同感觉之间的相互作用能够使感受性发生变化的现象。
		敏感化	1.概念:指由于分析器的相互作用和练习而使感受性提高的现象。所以,感受性可以通过训练得到提高。 2.特殊现象:感觉的补偿,指某种感觉系统的机能丧失后而由其他感觉系统的机能来弥补的现象。
		联觉	一种感觉兼有另一感觉的心理现象。

2.知觉的特性

特性	概念	影响因素
选择性	同一时间内,人总是有选择地把某一事物作为知觉对象,而把其他对象作为知觉对象的背景。	1.客观因素 (1)对象和背景的差别; (2)对象的活动性; (3)刺激物本身的结构和特点。 2.主观因素 (1)知觉的目的性; (2)对知觉对象的兴趣; (3)知觉者的知识经验; (4)知觉者的态度、情绪状态。
整体性	在知觉的过程中,人们总是倾向于把零散的对象知觉为一个整体。	1.客观因素:刺激物之间的关系。 2.主观因素:知觉者的知识经验。
理解性	在知觉过程中,人总是根据以往的知识、经验,对感知的事物进行理解,并用词把它标示出来。	1.知识经验越丰富,对知觉对象理解得就越深刻。 2.语词对知觉有指导作用。 3.知觉者的动机、期望、情绪与兴趣以及思维定式也对理解性有重要影响。

续表

特性	概念	影响因素
恒常性	当知觉条件发生一定的变化时,知觉的映象仍然保持相对不变。 (恒常性在视知觉中表现得很明显,常见的有大小、形状、亮度、颜色恒常性等。)	恒常性主要是过去经验作用的结果,经验越丰富,越有助于产生知觉的恒常性。

二、学前儿童感知觉的发生与发展

(一)感觉的发生与发展

类型		年龄或阶段	发展特点	教育策略
视觉 (眼睛是所有感觉器官中最活跃、最重要、最主动的,人的80%的信息是通过视觉得到的)	对光的觉察	胎儿33周	胎儿的视觉可以形成对光反射,能觉察光线的变化。	1.可以观察新生儿有无对光的感觉和是否会用眼睛追逐灯光或鲜艳物体的移动,判断其视觉反应情况。 2.追视练习。 3.在活动中增加对视。
		新生儿	能够觉察亮光,还能区分不同明度的光,但敏感度远低于成人。	
	视觉集中	新生儿	视觉调节能力差,仅能对20厘米处的物体集中,但仍能觉察移动物体,并用眼睛追踪。	
		2~3周	开始能够较长时间集中注视某一客体。	
		3个月	可以注视4~7米处的客体,可以流畅地追踪运动的物体、做圆周运动的物体。	
		4~6个月	可以追随物品的运动轨迹,时间追踪和搜索的能力提升。	
		6个月	可以注视飞鸟、飞机这类远距离的客体。	
		7个月	可以注视物体表面的碎屑或特别小的东西。	
		10个月	开始主动搜寻视觉刺激物。	
		1~1.5岁	视觉调节功能基本完善。	
			总体描述: 1.随着婴儿的成长,视觉集中的时间和距离逐渐延长。 2.视觉焦点改变逐渐灵活。 3.追视的能力不断提升。	

续表

类型		年龄或阶段	发展特点	教育策略
视觉（眼睛是所有感觉器官中最活跃、最重要、最主动的，人的80%的信息是通过视觉得到的）	视敏度	新生儿	视敏度是成人的1/10。	1.调整饮食：保证均衡的营养，尽量多摄取一些富含蛋白质、维生素 A、维生素 D、维生素 B 等的食物。2.用眼环境：光线适宜。3.用眼姿势：阅读、握笔姿势养成良好习惯。4.减少屏幕时间，增加户外活动。5.定期做视力检查，发现视力减退，及时干预。
		0~6岁	视敏度改善极其迅速，一般来说，3岁儿童正常视力为0.6,4岁儿童正常视力为0.8,5~6岁儿童正常视力为1.0,5岁是视敏度发展的转折期。	
			远视储备：一般情况下，新生儿的眼球为远视状态，这种生理性远视称为远视储备。随着生长发育，儿童青少年眼球的远视度数逐渐降低，一般到15岁左右发育为正视眼，这个过程称为正视化。由于过早多近距离用眼，部分儿童青少年在6岁前即已用完远视储备，其在小学阶段极易发展为近视眼。	
			常见的视力障碍：远视、近视、弱视。	
	颜色视觉	新生儿	仅能区分黑白灰。	规律：1.儿童在识别颜色的过程中，一般是先认识颜色，然后学会标志颜色的词语。2.颜色视觉既有个别差异，也有性别差异，通常女孩比男孩强。3.常见的辨色力障碍：色盲、色弱。教育策略：1.让儿童接触多种颜色。2.在教颜色的同时，教给他们颜色的名称，可采用具象化的方法，将颜色名称与儿童熟悉的事物结合起来。
		3个月	辨别彩色与非彩色，且偏好彩色。	
		4~8个月	比较喜欢波长较长的暖色。	
		11个月	分辨红、绿、蓝、黄4种颜色。	
		13个月	准确认识和指出红、绿、蓝、黄、白、黑6种颜色及其名称。	
		24个月	能说出15种颜色。	
		幼儿初期	能够辨别并指出基本色的名称，但对混合色、近似色辨别存在困难。	
		幼儿中期	已能区分基本色与近似的一些颜色，如黄色和淡棕色，能够经常地说出基本色的名称。	
		幼儿晚期	不仅能认识颜色，画图时能运用各色颜料调出需要的颜色，而且能经常正确地说出黑、白、红、蓝、绿、黄、棕、灰、粉红、紫、橙等颜色的名称。	

续表

类型		年龄或阶段	发展特点	教育策略
听觉	听觉的发生	胎儿24周	已具备听觉能力。	**儿童耳道短,易患中耳炎,应注意听力保健** 1.避免噪声污染。 2.避免意外伤害。 3.防止外耳和中耳感染。 4.警惕药物致聋。 5.定期检查听力。 **如何发展听力?** 1.多与儿童交谈,让其感受语音刺激。 2.接触各类声音玩具。 3.将声音玩具挂在各个方向。 4.多感受大自然的声音、乐音等。 5.进行听力小游戏。
		胎儿8个月	对低音的感受能力比高音强(对父亲的声音比对母亲的声音更容易产生反应)。	
		出生24小时	听到优美的音乐能加快吸吮的节奏。	
		新生儿	1.定位:能对来自左右的声源,作出转动头部朝向声源的反应。 2.辨别:能区分声音的高低、强弱、品质和持续时间。 3.表现出对女性声音,尤其是自己母亲声音的偏好。 4.对成人语言有明显同步动作反应。	
	听觉敏感性	0~6岁	在12~13岁以前,儿童听觉敏感性随其年龄的增长而不断提高,14~19岁达到最高水平。	
	音乐听力	5个月	对乐曲的旋律是有感知能力的。	
		1岁后	听到音乐后,身体不同部位会发出律动。	
		1岁半	听到音乐后力图使自己的动作与音乐的节奏相协调。	
		3岁前	婴儿的节律动作与听到的音乐之间的协调性逐渐提高。	
	言语听力	幼儿中期	可以辨别语言的微小差别。	
		幼儿晚期	几乎可以毫无困难地辨明本族语言包含的各种语音。	
肤觉	触觉	发生 胎儿7周	已有触觉感受,触觉是发育得最早的感觉能力。	**口腔敏感期:4~12个月** 1.典型表现:爱吃手、什么都往嘴里放、尝过之后吐出来,所有口味都要尝个遍、爱咬人、爱咬东西等。
		发生 新生儿	新生儿的各项非条件反射为触觉反应的表现;其最敏感的部位是嘴唇、手掌、脚掌、前额和眼睑。	
		辨别 10~12天	能分辨出舌唇与面颊、下颚部位刺激的不同。	
		辨别 1个月	能通过有节律的吸吮动作准确地辨别不同质地的奶嘴。	
		辨别 3个月	能分辨下肢与胸部刺激的不同。	

续表

类型			年龄或阶段	发展特点	教育策略
肤觉	触觉	嘴	新生儿和婴儿	靠嘴辨别物体的特征,认识各种不同的物体。嘴是新生儿和婴儿快乐的源泉,是认识世界的重要工具,嘴的动作也是促进儿童早期发展的动力。	2.正确观念:儿童口腔敏感期到来时,如果得不到满足和释放,家人过度保护和限制,就会推迟儿童的口腔敏感期。得不到满足的儿童,会把注意力固定在食物上,无法集中精力学习,他们会抢别人的食物、随意拿别人的东西,甚至会捡拾掉在地上的食物。 注意事项:不给儿童过小、坚硬、不卫生或含有毒素的东西。 **如何训练儿童的触觉?** 1.适当的抚触和按摩。 2.让儿童用手触摸各类玩具,感受物体特性,如软、硬、光滑、粗糙、冷、热、大、小、粗、细等。 3.充分利用儿童的触觉感官——全身各部分的皮肤,调动一切可能的玩具资源来发展儿童的触觉。
		手	4个月	双手已具备双重功能(支撑物体的辅助功能和探索物体的知觉功能)。	
			6个月	口部的探索减少,手的操作增加。	
	温觉		新生儿	对温度变化很敏感,尤其怕冷不怕热(对低于其体温的温度,比对高于其体温的温度更敏感)。	
	痛觉		新生儿	具备痛觉但不敏感,定位不准确,所以在遭到痛觉刺激时会引起局部的或全身的反应;痛觉随着年龄的增长越来越敏感。	
嗅觉			胎儿7~8个月	嗅觉器官已发育成熟。	1.给儿童大量的嗅觉体验。 2.缺乏安全感的儿童,可以通过熟悉的气味带来安定。
			新生儿	能够辨别不同气味,作出不同的反应。能利用嗅觉能力准确地识别自己的母亲。	

续表

类型	年龄或阶段	发展特点	教育策略
味觉	胎儿4个月	味蕾发育完成,能够产生味觉体验。	1.6个月开始逐步添加辅食。 2.广泛尝试各种味道。 3.饮食清淡。
	0~4个月	新生儿最发达的感觉即味觉,尤其是对甜味十分偏好。味觉辨别能力还达不到成人般精细。	
	4~6个月	对常见味道有偏爱,为味觉可塑性的窗口期。	
	6~12个月	形成对口感和食物材质的偏爱。	
	1~2岁	形成味觉心理体验,能通过食物外形判断味道、是接受还是拒绝,拒绝新接触味道。	

（二）知觉的发生与发展

类型		年龄或阶段	发展特点	教育策略
空间知觉	方位知觉	3岁	仅能辨别上下方位。	1.一边使用方位词,一边进行示范。 2.进行镜面示范。
		4岁	开始能辨别前后方位。	
		5岁	开始能以自身为中心辨别左右方位。	
		6~7岁	儿童掌握左右概念发展最快的阶段。	
		7~9岁	儿童开始掌握以外部物体为基准的左右方位。	
	形状知觉	婴儿	更喜欢圆形,偏好正常的人脸和运动的物体,喜欢中等复杂的图形。	1.在教学中,要帮助儿童掌握几何图形的名称。 2.形状知觉是运动觉和视觉的协同活动,要让儿童在看与摸的结合中学习几何图形。
		幼儿初期	已能正确地辨别圆形、三角形、长方形和正方形。	
		幼儿中期	能正确掌握圆形、三角形、长方形、正方形、半圆形和梯形。	
		幼儿晚期	能正确掌握圆形、三角形、长方形、正方形、半圆形、梯形、菱形、平行四边形和椭圆形。	
	大小知觉	婴儿	有知觉大小的能力和大小知觉的恒常性。	1.大小知觉是在比较中获得的,应让儿童有大量的操作经验。
		2.5~3岁	大小知觉发展的敏感期,他们不仅能分辨形状的大小,还能正确使用大小概念。	

续表

类型		年龄或阶段	发展特点	教育策略
空间知觉	大小知觉	婴幼儿期	大小知觉的正确性和难易程度与知觉对象的形状特征有直接关系。儿童比较圆形、正方形、等边三角形的大小更容易,判断椭圆、菱形和五角星形的大小更难。	2.一边比较,一边使用指示大小的词汇。
	深度（距离）知觉	新生儿	能辨别视觉深度。	1.增加爬行经验。2.增加运动经验。
		2个月	在物体逼近时有保护性闭眼反应。	
		6个月	沃克和吉布森的"视觉悬崖"实验说明:6个月大的婴儿就具有深度知觉。	
		婴幼儿期	儿童对熟悉的物体或场地可以区分出远近,对比较广阔的空间距离则不能正确认识。	
			儿童早期通过运动深度线索感知深度,随着双眼线索的发展,深度知觉精细程度增加。故而,儿童常不懂透视、近大远小等原理,进而在绘画作品中,不能正确表现实物的位置关系。	
时间知觉		婴儿	依靠生理上的变化产生对时间的知觉。	1.有规律的生活。2.利用音乐、体育活动帮助儿童掌握节奏和有节律的动作。3.教会儿童有关时间的词汇。4.通过观察动植物的生长感受时间的变化。
		幼儿初期	已有一些初步的时间概念,但往往和他们具体的生活活动相联系,一般来说,只懂得现在,不理解过去和将来。	
		幼儿中期	可以正确理解昨天、今天、明天,也能运用早晨、晚上等,但对较远的时间,如前天、后天等还不能了解。	
		幼儿晚期	可以辨别昨天、今天、明天,也开始能辨别大前天、前天、后天、大后天,分清上午、下午,知道今天是星期几,知道春、夏、秋、冬,但对更短或更远的时间概念就难以分清,对时间单位不能正确理解。	

（三）学前儿童观察力的发展与培养

1.观察力的概念

观察力是一种有目的、有计划、比较持久的知觉过程,是知觉的高级形态。

2.学前儿童观察力的发展特点

年龄阶段		发展特点
3 岁以前		缺乏观察力。知觉主要是被动的,由外界刺激物特点引起,且往往和摆弄物体的动作结合在一起。
幼儿初期	目的性	不善于自觉地、有目的地进行观察,不能接受观察任务,往往东张西望或乱指一气,易受外界因素干扰,离开既定目的。
	持续性	观察持续时间很短。
	细致性	细致性较差,只能观察到事物粗略的轮廓,只能看到面积大的、突出的特征。
	概括性	在观察中得到的是零散、孤立的信息,使儿童无法知觉到事物的本质特征。
幼儿中晚期	目的性	目的性逐渐增强,能够根据任务进行有目的的观察,并能排除一些干扰。
	持续性	观察的持续时间随年龄增长而延长。6 岁开始,观察持续时间显著增加。
	细致性	观察逐渐细致,能从事物的一些属性来观察,不再遗漏主要部分。
	概括性	能有顺序地进行观察,从而获得对事物各部分及各部分之间关系比较完整系统的印象,因而能顺利概括出事物的本质特征。

3.学前儿童观察力的培养策略

　　(1)明确观察的目的和任务。

　　(2)激发学前儿童的观察兴趣。

　　(3)丰富相应的知识。

　　(4)教给学前儿童观察的方法。

　　(5)运用多种感官观察。

三、感知规律在幼儿园教育活动中的应用

感知规律	概念	应用
强度律	知觉的对象必须达到一定的强度,才得以被清晰地感知。	①教师讲课时音量不要过低。 ②在制作、使用直观教具时,也要考虑到大小、声音等是否能被所有幼儿清楚地感知。

续表

感知规律	概念	应用
差异律	凡是知觉对象与背景的差别越大,对象就被感知得越清晰;相反,则越不清晰。	①增加对象与背景之间的差别,如阅读时,在重点内容部分用荧光笔圈点画线;教师批改作业用红笔。 ②教师在板书时用白粉笔在黑板上写字,重要的部分可以用大一些的字,可以在那些字下面加点、画线,也可以用彩色粉笔。 ③授课中,教师可以运用声调的变化,使重点内容从其他内容中凸显出来。 ④制作教具时,要注意对象与背景在颜色、形状、运动或静止等方面的差异,突出重点和关键。
活动律	活动的物体比静止的物体容易感知。	教学中可以使用活动性教具,例如,演示实验、PPT、教学电影或录像等,可以起到很好的教学效果。
组合律	凡是空间上接近、时间上连续、形式上相同、颜色上一致的观察对象容易形成整体而为我们清晰地感知。	①注意一日生活中的过渡环节,以帮助幼儿更好地感知活动差异。 ②出示教具或课件时,不同内容之间要留空。 ③讲课时,语言流畅,针对不同内容,采用不同的语速,灵活使用停顿和过渡句帮助幼儿把握不同知识间的关系。
协同律	使用多种感官感知一个知觉对象,更能获得对事物的全面认识。	创造机会让幼儿做中学、玩中学,多重感官参与到学习中来。

【职场链接】

感觉统合训练简介

感觉统合能力	感觉统合(Sensory Integration, SI)是大脑各个阶层的神经系统,将来自身体内在、外在的感觉刺激信息加以解释和理解,据此使身体作出合适的反应的过程。
感觉统合失调及感觉统合训练	•感觉统合失调(Sensory Integration Dysfunction, SID)是指个体的某一感觉系统、感觉系统之间、感觉系统与运动系统之间等的信息组织与整合不协调,导致信息统合过程发生异常,出现对刺激的不敏感或过分敏感、行为顾此失彼等现象。 •感觉统合训练面对的主要就是各种程度的感觉统合失调问题。
感觉统合失调的主要表现	触觉统合失调: 　　对别人的触摸十分敏感,心里总有一种担心害怕、易受惊的感觉。在学习与生活中则表现为好动、不安、办事瞻前顾后,怕剃头、怕打针。 　　这些孩子表现为紧张、孤僻、不合群、爱惹别人、偏食或暴饮暴食、脾气暴躁、害怕陌生的环境、吃手、咬指甲、爱哭、爱玩弄生殖器等。

感觉统合失调的主要表现	**前庭平衡统合失调：** 　　表现为好动不安、注意力不集中、上课不专心、爱做小动作。比一般孩子更容易给家长添麻烦，挑三拣四，很难与其他人同乐，也很难与别人分享玩具和食物，不能考虑别人的需要。有些孩子还可能出现语言发展迟缓、语言表达困难等。 　　在学习与生活中常常观测不准距离，做事时协调能力较差，甚至穿鞋子也会在不知不觉中将左右穿反。由于距离观测不准，会让孩子无法正确掌握方向，从而让孩子对事物的兴趣逐渐减少。
	本体感失调： 　　表现为缺乏自信、消极退缩、语言表达能力差、手脚笨拙等。 　　上体育课时不会跳绳，跑步时动作不协调不准确；上音乐课时，常常发音不准，甚至与人交谈、上课发言时口吃等。
	视觉统合失调： 　　尽管能长时间地看动画片、玩电动玩具，却无法流利地阅读，在阅读时，常会出现读书跳行、翻书页码不对甚至不认识字，学了就忘，写字时偏旁部首颠倒，经常多字少字，演算数学题时不会做计算、常抄错题等，从而造成学习障碍。 　　视觉统合失调的学前儿童，时间久了，会跟不上学习进度，在心理上产生自己不如他人的自卑感。
	听觉统合失调： 　　别人的话听而不见、丢三落四，经常忘记老师说的话和留的作业等。 　　上课时总是东张西望，老师讲的知识一点也听不进去。平时家长喊他，他也不在意。同时，这类儿童记忆力差。这种现象如不纠正，时间长了，儿童会在心理上怀疑自己的能力，甚至厌学逃学。
	动作协调不良： 　　表现为平衡能力差，容易摔倒，不能像其他儿童那样会滚翻、系鞋带、骑车、跳绳和拍球等。
感觉统合训练的主要内容	①平衡能力训练——提高注意力。 ②本体感训练——提高动作反应速度。 ③触觉训练——稳定情绪，增强勇气和自信心。 ④手眼协调性——解决粗心大意问题。 ⑤综合训练。

▲【真题链接】

单项选择题

1.(2013 年上半年《保教知识与能力》)婴幼儿手眼协调的标志性动作是( )。

A.无意触摸到东西　　　　　　　B.握住手里的东西

C.伸手拿到看见的东西　　　　　D.玩弄手指

【答案】C。解析:手眼协调动作,指眼睛的视线和手的动作能够配合,手的运动和眼球的运动协调一致,即能拿到看见的东西。

2.(2013 年下半年《保教知识与能力》)由于幼儿是以自我为中心辨别左右方向的,幼儿教师在动作示范时应该( )。

A.背对幼儿,采用镜面示范　　　B.面对幼儿,采用镜面示范

C.面对幼儿,采用正常示范　　　D.背对幼儿,采用正常示范

【答案】B。解析:镜面示范指幼儿园教师指导幼儿学习舞蹈、体操等动作时,面对幼儿做示范动作,示范左右方位的动作需要和幼儿学做的动作正好相反,如同照镜子做出的动作一样。

3.(2014 年下半年《保教知识与能力》)幼儿学习的基础是( )。

A.直接经验　　　B.课堂学习　　　C.间接经验　　　D.理解记忆

【答案】A。解析:《3～6 岁儿童学习与发展指南》(以下简称《指南》)指出"幼儿的学习是以直接经验为基础,在游戏和日常生活中进行的"。

4.(2014 年下半年《保教知识与能力》)婴儿手眼协调动作发生的时间是( )。

A.2～3 个月　　　B.4～5 个月　　　C.7～8 个月　　　D.9～10 个月

【答案】B。解析:4～5 个月时,婴儿开始出现最初的手眼协调动作。

5.(2015 年下半年《保教知识与能力》)下列哪种不属于《3～6 岁儿童学习与发展指南》倡导的幼儿学习方式?( )

A.强化练习　　　B.直接感知　　　C.实际操作　　　D.亲身体验

【答案】A。解析:幼儿的学习是以直接经验为基础,在游戏和日常生活中进行的。严禁拔苗助长式的超前教育和强化训练。

6.(2017 年下半年《保教知识与能力》)下面几种新生儿的感觉中,发展相对最不成熟的是( )。

A.视觉　　　　　B.听觉　　　　　C.嗅觉　　　　　D.味觉

【答案】A。解析:听觉、嗅觉、味觉在胎儿时期已非常敏感,视觉有所发展,但视觉集中、视敏度、颜色视觉等能力在新生儿期依然水平较低。

7.(2021 年下半年《保教知识与能力》)新入职的王老师第一次带大班小朋友做操时,发现大家的动作有些混乱,有的胳膊向左伸,有的向右伸,这是为什么呢?昨天老教师带操时,明明大家动作很整齐啊!

问题:

(1)请从幼儿左右概念发展水平的角度分析,幼儿动作混乱的原因。

(2)针对问题,提出建议。

【答题要点】

（1）幼儿在 3 岁仅能辨别上下，4 岁开始辨别前后，5 岁开始能以自身为中心辨别左右，7 岁才开始能够辨别以别人为基准的左右方位，以及两个物体之间的左右方位。

材料中是大班的幼儿，仅能以自身辨别左右，方位知觉水平发展不完善，对"左右"概念掌握不准确，所以做操时动作混乱。

（2）建议如下：

①由于幼儿只能辨别以自身为中心的左右方位，因此教师在体育活动中，要面对幼儿，采用镜面示范动作的方式。

②如有口令，教师的口令和呼号既要清晰又要有感情，声音洪亮而有节奏。根据动作幅度大小和肌肉有力程度，口令应有轻重缓急、强弱、快慢之分。

③丰富幼儿空间方位识别的经验，引导幼儿运用空间方位经验解决问题。

a.请幼儿取放物体时，使用他们能够理解的方位词，如把桌子下面的东西放到窗台上、把花盆放在大树旁边等。

b.和幼儿一起识别熟悉场所的位置，如超市在家的旁边、邮局在幼儿园的前面。

c.在体育、音乐和舞蹈活动中，引导幼儿感受空间方位和运动方向。

d.和幼儿玩按指令找宝的游戏，对年龄小的幼儿要求他们按语言指令寻找，对年龄大些的幼儿可要求按照简单的示意图寻找。

④关注个别差异，进行因材施教，对于方位较好的幼儿可以组织他们做示范，对于方位知觉较差的幼儿可进行着重教育。

▲【国赛链接】

1.(2018 年国赛)婴儿常常在地上捡起一些物体，然后直接往嘴里送，这是婴儿的（　　）。

　　A.痛觉的探索方式　　　　　　　　B.不良的生活习惯
　　C.触觉的探索方式　　　　　　　　D.动觉的探索方式

【答案】C。解析：婴儿的触觉探索的两种方式为口腔探索和手部探索，在口腔探索阶段，婴儿最常见的表现便是把东西放进嘴里。

2.(2018 年国赛)幼儿认识空间方位的顺序是（　　）。

　　A.前后、上下、左右　　　　　　　B.上下、前后、左右
　　C.上下、左右、前后　　　　　　　D.前后、左右、上下

【答案】B。解析：幼儿 3 岁辨上下，4 岁辨前后，5 岁以自我为中心辨左右，故认识空间方位的顺序是上下、前后、左右。

3.(2018 年国赛)孩子看到桌上有个苹果时，所说的话中直接体现"知觉"活动的是（　　）。

　　A."真香！"　　　　　　　　　　　B."我要吃！"
　　C."这是什么？"　　　　　　　　　D."这儿有个苹果。"

【答案】D。解析：知觉是对事物整体属性的反映，依赖过去的经验。选项 D 则表现出主体根据感知信息及经验作出了判断，符合知觉的概念。

4.(2018 年国赛)王老师组织活动时,让幼儿跨过前面的一条线,可是 3 岁 1 个月的洪伟总是踏在线上,这是因为( )。

    A.距离知觉发展不完善   B.观察的持续性不够

    C.形状知觉发展不完善   D.视力较弱

【答案】A。解析:3 岁左右的幼儿,距离知觉发展还不完善。此时的幼儿在走路时,让他跨过前面的一条线,因为把握不准距离,所以往往踏在线上了。

5.(2018 年国赛)"视觉悬崖"测验研究的是( )。

    A.时间知觉   B.深度知觉   C.大小知觉   D.形状知觉

【答案】B。解析略。

6.(2018 年国赛)下列说法错误的是( )。

    A.手眼协调动作的出现是出生后头半年婴儿认知发展的重要里程碑

    B.儿童从出生起就有触觉反应

    C.手的触觉作为探索手段早于口腔的触觉探索

    D.触觉在儿童的人际关系形成中起着重要作用

【答案】C。解析:口腔探索早于手部探索。

7.(2018 年国赛)"入芝兰之室,久而不闻其香;入鲍鱼之肆,久而不闻其臭。"这反映的是感知特性中的( )。

    A.对比   B.个人经验   C.感受性   D.适应

【答案】D。解析:嗅觉适应是感觉适应的一种。嗅觉刺激持续作用于嗅觉器官产生的嗅觉感受性降低的现象。

8.(2018 年国赛)冬天从室内乍一走到室外,感觉很冷,不一会儿就不觉得冷了,这种现象是( )。

    A.感觉的相互作用   B.感觉的对比

    C.感觉的适应   D.感觉的后象

【答案】C。解析同上。

9.(2018 年国赛)吃了甜东西之后再吃酸东西会觉得特别酸。这是味觉的( )现象,我们在为幼儿准备膳食时要考虑这一现象。

    A.适应   B.个体经验   C.对比   D.选择性

【答案】C。解析:味觉对比是感觉对比的一类,指当同一感官受到不同刺激的作用时,其感觉会发生变化。

10.(2019 年国赛)小丹说当她听到小刀刮竹子的声音时,就会觉得很冷,浑身不舒服,这种感觉现象是( )。

    A.适应   B.对比   C.联觉   D.综合

【答案】C。解析:本来是一种通道的刺激能引起该通道的感觉,现在还是这种刺激却同时引起了另一种通道的感觉,这种现象叫联觉。题干所述由听觉引起温觉,符合联觉的概念。

11.(2019 年国赛)张老师在上课的过程中,利用色彩鲜艳的教具吸引幼儿的注意力,这利用了大脑皮层的( )。

    A.镶嵌式活动原则   B.优势原则   C.抑制原则   D.睡眠

【答案】B。解析:优势原则是人们学习和工作效率与有关的大脑皮层区域是否处于"优势兴奋"状态有关,兴趣能使优势状态形成。教师利用幼儿喜欢的鲜艳教具则是遵循了这一原则。镶嵌式活动原则是指大脑有细致的分工,有工作有休息、有兴奋有抑制的状态。在一日生活日程中,动静交替的安排则应遵循这一规律。

12.(2019年国赛)幼儿认为"下午是午睡起来以后",这说明幼儿对时间的知觉依靠的是(   )。

    A.日历的变化　　　　　　　　　B.季节的变化

    C.钟表的行走　　　　　　　　　D.生活作息制度

【答案】D。解析略。

【能力拓展】

一、项目名称

感觉统合训练初体验。

二、目标

能够根据语言指导实施简单的感统训练。

三、知识准备

了解感统能力及感觉统合训练的基本知识。

四、操作指导

训练项目	游戏名称	训练目的	训练要求及适用年龄	训练步骤
前庭觉失调训练	坐丁字椅	练习伸展和保持平衡,协调身体,控制重心,建立前庭感觉机能。	训练要求:让儿童坐在丁字椅上,保持身体平衡。 适用年龄:4~5岁	难度设置: ①先让儿童坐在丁字椅上,双手放在腿上,保持双腿垂直、腰杆挺直的坐姿势。 ②教师蹲下与坐在丁字椅上的儿童玩传球游戏。 ③让儿童右手前平举,右脚向上踢并碰到手心。再换成左手重复以上游戏。 帮助给予:开始时可给予身体指导,帮助儿童学会保持平衡,然后在每一个(难度)环节中给予适当的帮助,直至该环节通过,再进入下一环节的训练。

续表

训练项目	游戏名称	训练目的	训练要求及适用年龄	训练步骤
本体觉失调训练	拍气球	本体觉、手眼协调能力、动作计划能力。	训练要求:把气球往上抛,然后双手轮流向上拍打气球,尽量不让气球落到地上。 适用年龄:4~6岁	难度设置: ①双手轮流拍打气球。 ②在地上设置简单的"路障"(如玩具或凳子),让儿童绕过路障拍气球。 帮助给予: ①开始时教儿童把气球拍高一点,延迟下落的时间,让儿童有足够的时间计划自己的动作和步子。 ②必要时给予身体协助。 ③提醒儿童看脚下的"路障"。
触觉失调训练	糊壁纸	提供触觉刺激,改善动作计划能力。	训练要求:让儿童贴墙壁站立,以身体当作滚筒贴着墙壁滚动,好像在糊壁纸。先向一个方向滚动,然后再向反方向滚动。 适用年龄:5~6岁	难度设置: ①只滚动3~5下。 ②从墙壁的一端滚到另外一端。 帮助给予:提醒儿童注意头不要碰到墙壁。必要时给予身体协助,如孩子滚动时离墙壁太远。

◇【本章思考与练习】

一、识记知识

(一)单项选择题

1.2岁的儿童往往会伸手要求站在楼上的妈妈抱,这说明他的(　　)。

A.大小知觉发展不足　　　　　　　　B.形状知觉发展不够

C.距离知觉发展不足　　　　　　　　D.想象力不够丰富

2.(　　)开始区别各种色调的细微差别,并开始认识一些混合色。

A.3岁儿童　　　　　　　　　　　　B.6岁儿童

C.5岁儿童　　　　　　　　　　　　D.4岁儿童

3.有的儿童在观察时,能够根据观察任务,自觉地克服困难和干扰进行观察。这说明他们观察的(　　)。

A.持续性延长　　　　　　　　　　　B.目的性加强

C.细致性增加　　　　　　　　　　　D.概括性提高

4.当一种刺激反复出现时,刺激产生的反应会逐渐减弱,这就叫( )。

A.习惯　　　　　B.习惯化　　　　　C.去习惯化　　　　　D.习俗

5.( )是以眼睛为感觉器官,辨别外界物体明暗、颜色等特性的感觉,是可见光对眼睛视网膜的刺激产生的。

A.错觉　　　　　B.视觉　　　　　C.肤觉　　　　　D.听觉

6.( )是指区别颜色细致差别的能力,又称为辨色力。

A.视力　　　　　B.视觉　　　　　C.色盲　　　　　D.颜色视觉

7.形状知觉是以( )为主的,包括动觉、触觉在内的复合感知。

A.听觉　　　　　B.视觉　　　　　C.肤觉　　　　　D.嗅觉

8.对新生儿和婴儿来说,他们心理的主导活动是( )。

A.心理过程　　　　　B.思维　　　　　C.情感　　　　　D.感知觉

9.学前儿童幼儿期对颜色的辨别往往和掌握颜色的( )结合起来。

A.名称　　　　　B.明度　　　　　C.色调　　　　　D.饱和度

10.新生儿视觉的最佳距离是( )。

A.20 厘米　　　　　B.25 厘米　　　　　C.30 厘米　　　　　D.35 厘米

11.儿童最早能够辨别的图形是( )。

A.圆形　　　　　B.正方形　　　　　C.三角形　　　　　D.长方形

12.( )是儿童掌握左右概念发展最快的阶段。

A.2~3 岁　　　　　B.4~5 岁　　　　　C.5~6 岁　　　　　D.6~7 岁

(二)简答题

简述学前儿童观察能力发展的特点。

二、理解知识

1.在指导儿童观察绘画时,下面哪句指导语易把儿童的观察引向观察个别事物?
( )

A.图上有些什么呢　　　　　B.图上的小松鼠在做什么呢

C.这张图告诉我们一件什么事呢　　　　　D.图上讲的是什么故事

2.幼儿园教师在面向小朋友时说:"请小朋友举起右手。"那么这位教师应该举起
( ),给小朋友做示范,小朋友才学得快。

A.右手　　　　　B.左手　　　　　C.两只手　　　　　D.不举手

3.下列哪种现象能表明新生儿的视听协调?( )

A.有些新生儿听到音乐会露出笑容

B.听到巨大的声响,新生儿会瞪大眼睛

C.新生儿听到妈妈叫"宝宝",就会转向声源的方向去找妈妈

D.新生儿看到大人逗他说话,会表现出快乐的样子

4.下列哪种现象能表明新生儿的视觉与动觉联合?( )

A.听到妈妈声音的新生儿会加快吸吮的节奏

B.新生儿对口型和声音一致的脸注视时间更长

C.新生儿听到妈妈叫"宝宝",就会去找妈妈

D.刚出生两天的新生儿就能模仿成人动作

5.一位教师在做水的热胀冷缩实验时,把水染成了黑色,背景衬上一张白纸,这是利用知觉的(　　)来组织教学。

A.选择性　　　　　B.恒常性　　　　　C.整体性　　　　　D.理解性

三、简单运用

3 岁前的儿童常有一个毛病:无论拿到什么东西,玩一玩,摆弄摆弄之后,马上放到嘴里去。您认为这是儿童的毛病吗? 教育中我们应注意什么问题?

四、综合运用

1.幼儿园小班的一位教师在教幼儿认识公鸡时,出示了一幅长 25 厘米、宽 20 厘米的画,画上有一只金黄色的公鸡,公鸡的周围是一片黄灿灿的稻田。活动一开始,教师就让幼儿自己看,然后就开始讲公鸡的外形特征、习性等,一直讲到下课。

请用感知觉的有关知识,分析这位教师的不妥之处。

2.在一次语言活动中,教师给幼儿讲"母鸡萝丝去散步"的故事。为了加深幼儿对故事的理解,教师利用活动玩具"母鸡萝丝"和"狐狸"作为教具。教师一边绘声绘色地讲解故事的情节,一边演示活动的教具,同时结合相关的轻音乐。

假如你旁听了这节课,请用感知觉理论对这次活动进行分析、评价。

第五章
学前儿童记忆的发展

■ 学习目标

1.理解记忆的概念、分类、遗忘规律等基础知识。
2.掌握学前儿童记忆发展的年龄特征。
3.能够运用所学知识分析学前儿童的行为表现和教育教学活动的适宜性。

■ 重点难点

重点:理解学前儿童记忆发展的年龄特征、分类及遗忘规律。
难点:运用所学知识分析学前儿童的行为表现和教育教学活动的适宜性。

■ 本章导学/含考纲要点简要说明

从历年幼儿园教师资格考试真题来看,本章所涉题型包括选择题、简答题和材料分析题,主要围绕学前儿童记忆发展的特点,结合其他相关课程的知识点进行综合考查,突出知识的应用性,强调适岗性。

■ **本章思维导图**

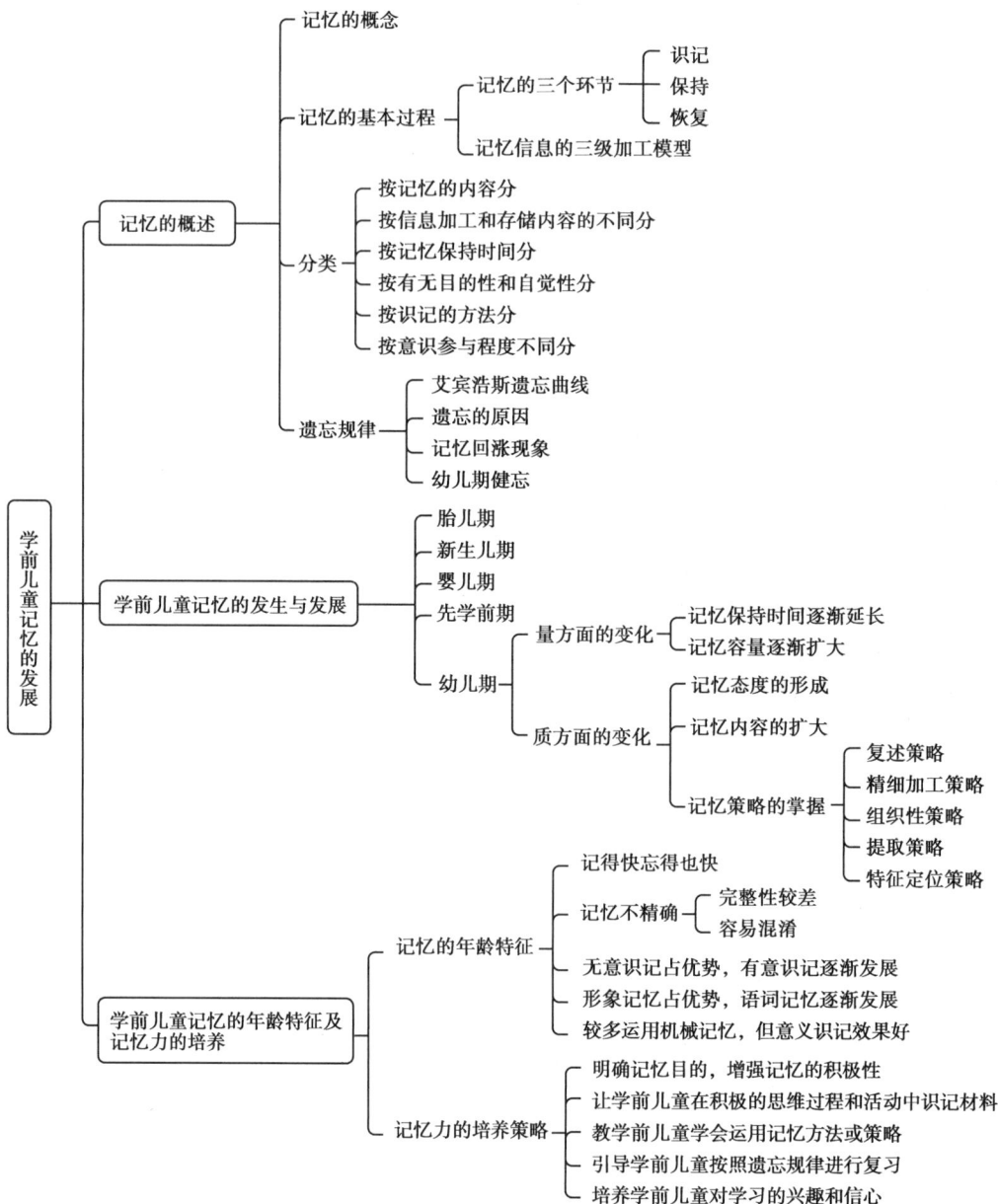

```
                              ┌─ 记忆的概念
                              │                          ┌─ 识记
                              │          ┌─ 记忆的三个环节 ─┤─ 保持
                              ├─ 记忆的基本过程 ─┤             └─ 恢复
                              │          └─ 记忆信息的三级加工模型
                              │
                   ┌─ 记忆的概述 ─┤          ┌─ 按记忆的内容分
                   │          │          ├─ 按信息加工和存储内容的不同分
                   │          │          ├─ 按记忆保持时间分
                   │          ├─ 分类 ─┤─ 按有无目的性和自觉性分
                   │          │          ├─ 按识记的方法分
                   │          │          └─ 按意识参与程度不同分
                   │          │
                   │          │          ┌─ 艾宾浩斯遗忘曲线
                   │          └─ 遗忘规律 ─┤─ 遗忘的原因
                   │                     ├─ 记忆回涨现象
                   │                     └─ 幼儿期健忘
                   │
学前               │                   ┌─ 胎儿期
儿童               │                   ├─ 新生儿期
记忆               │                   ├─ 婴儿期
的      ─┤─ 学前儿童记忆的发生与发展 ─┤─ 先学前期
发展               │                   │          ┌─ 量方面的变化 ─┬─ 记忆保持时间逐渐延长
                   │                   └─ 幼儿期 ─┤             └─ 记忆容量逐渐扩大
                   │                              │             ┌─ 记忆态度的形成
                   │                              └─ 质方面的变化 ─┤─ 记忆内容的扩大
                   │                                            │             ┌─ 复述策略
                   │                                            └─ 记忆策略的掌握 ─┤─ 精细加工策略
                   │                                                          ├─ 组织性策略
                   │                                                          ├─ 提取策略
                   │                                                          └─ 特征定位策略
                   │
                   │                              ┌─ 记得快忘得也快
                   │                              ├─ 记忆不精确 ─┬─ 完整性较差
                   │          ┌─ 记忆的年龄特征 ─┤             └─ 容易混淆
                   │          │                  ├─ 无意识记占优势，有意识记逐渐发展
                   │          │                  ├─ 形象记忆占优势，语词记忆逐渐发展
                   │          │                  └─ 较多运用机械记忆，但意义识记效果好
                   └─ 学前儿童记忆的年龄特征及 ─┤
                      记忆力的培养              │                  ┌─ 明确记忆目的，增强记忆的积极性
                                               │                  ├─ 让学前儿童在积极的思维过程和活动中识记材料
                                               └─ 记忆力的培养策略 ─┤─ 教学前儿童学会运用记忆方法或策略
                                                                  ├─ 引导学前儿童按照遗忘规律进行复习
                                                                  └─ 培养学前儿童对学习的兴趣和信心
```

🔍 **知识要点解析**

一、记忆的概述

（一）记忆的概念

记忆是人脑对过去经验的反映。

（二）记忆的基本过程

1.记忆的三个环节

基本环节	信息加工论的观点
识记	输入与编码
保持	储存
恢复	提取与输出

※记忆恢复有再认和再现的两种水平。

再认指识记过的事物再度出现时能把它认出来。

再现即回忆，指识记过的事物不在眼前时能把它重新回想起来。

能再认信息不一定能再现信息，能再现信息一定能再认信息。

2.记忆信息的三级加工模型

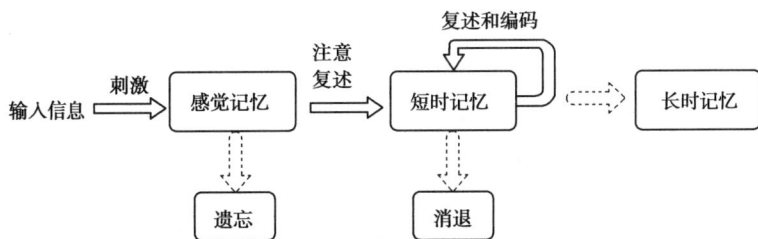

记忆阶段	保存时间	容量
感觉记忆（又称瞬时记忆）	0.25~2 s	容量较大，保存时间短
短时记忆（又称工作记忆）	1 min 以内	容量为 7±2 个信息单位
长时记忆	1 min 直至终身	容量永久且无限

（三）记忆的分类

记忆有很多种,按照不同的标准,可以分成不同类别。

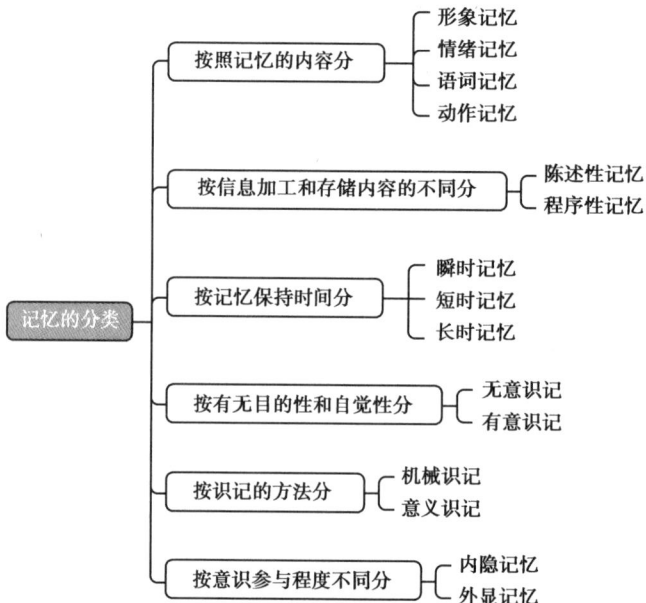

```
                                           ┌─ 形象记忆
                            按照记忆的内容分 ┤  情绪记忆
                                           │  语词记忆
                                           └─ 动作记忆

                        按信息加工和存储内容的不同分 ┤ 陈述性记忆
                                                  └ 程序性记忆

                                           ┌─ 瞬时记忆
   记忆的分类 ─┬──────── 按记忆保持时间分 ┤  短时记忆
                                           └─ 长时记忆

                            按有无目的性和自觉性分 ┤ 无意识记
                                                └ 有意识记

                               按识记的方法分 ┤ 机械识记
                                            └ 意义识记

                            按意识参与程度不同分 ┤ 内隐记忆
                                              └ 外显记忆
```

（四）遗忘规律

1.艾宾浩斯遗忘曲线：先快后慢

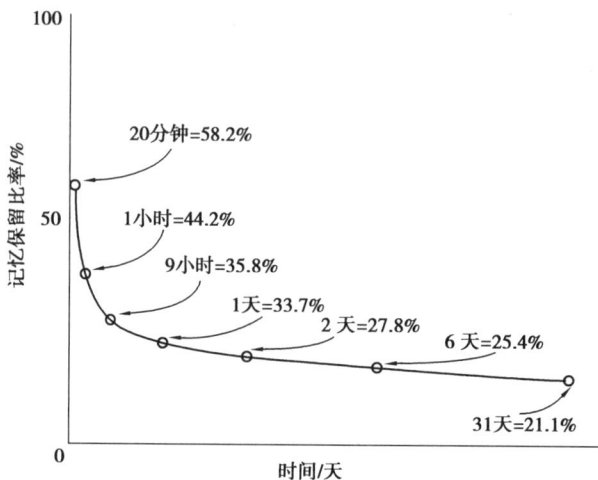

2.遗忘的原因

记忆消退说	遗忘是记忆痕迹随时间推移而逐渐消退的结果。
记忆干扰说	强调新旧材料之间互相干扰,遗忘是由于记忆材料互相抑制,使所需要材料不能提取(前摄抑制和后摄抑制)。
提取失败说	遗忘并非信息在脑中完全移除,而是出于某些原因(干扰、线索缺失等)的影响而无法正常提取。被遗忘的事件一旦得到足以正常提取的线索,就可以恢复正常的提取。
压抑说	为了消除记忆与消极情绪的联系,记忆被压抑。

3.记忆回涨现象

学习后过若干时间测得的保持量比学习后立即测得的保持量要高。

4.幼儿期健忘

很多成年人很少能回忆起自己3~4岁前发生的事。

二、学前儿童记忆的发生与发展

年龄阶段	发展特点
胎儿期	胎儿末期即具有听觉记忆
新生儿期	1.建立条件反射 2.习惯化
婴儿期	1.开始形成长时记忆,且保持时间不断延长。 2."客体永久性"观念的产生;出现"重学节省"现象;出现大量模仿行为。 3.从记忆内容的发展来看:动作记忆(出生后2周)—情绪记忆(6个月)—形象记忆(6~12个月)—语词记忆(1岁左右)。
先学前期	1.再现能力发展起来 2.延迟模仿行为的出现
幼儿期	1.量方面的变化 (1)记忆保持时间逐渐延长; (2)记忆容量逐渐扩大:记忆广度、记忆范围。 2.质方面的变化 (1)记忆态度的形成; (2)记忆内容的丰富; (3)记忆策略的掌握。

※幼儿常用的记忆策略

名称	内涵	具体方式
复述策略	在记忆的过程中,对目标信息不断进行重复以便能更准确、更牢固地记忆这些信息的方法,包括视觉复述。	画线、机械重复、过度学习、反复观看
精细加工策略	将新的学习材料与头脑中已有的知识联系起来,增加新信息意义的深加工策略。	位置定位法、生成性学习、利用背景知识、联系实际等
组织性策略	整合所学新知识之间、新旧知识之间的内在联系,形成新的知识结构的策略。	分类整理、列提纲、利用图形、利用表格、概括和归纳
提取策略	在回忆过程中,将贮存在长时记忆中的特定信息回收到意识水平上的方法和手段,叫提取策略。其核心是对线索的利用。	有逻辑的回溯、实地情境刺激等
特征定位策略	在识记过程中,根据记忆对象的特征进行记忆。	藏东西时摆放在角落

三、学前儿童记忆的年龄特征及记忆力的培养

（一）学前儿童记忆的年龄特征

1.记得快，忘得也快

2.记忆不精确

（1）完整性较差

（2）容易混淆:易混淆相似事物;混淆想象与记忆

3.无意识记占优势，有意识记逐渐发展

（1）无意识记是学前儿童的主要记忆形式,在整个幼儿期,无意识记占主导地位。一般来说,学前儿童无意识记的效果好于有意识记,年龄越小,差别越小。

（2）引起幼儿无意识记的因素:

①外因:材料必须直观、鲜明、生动。

②内因:学前儿童的兴趣、态度和情绪状态。其中,学前儿童的情绪状态是影响无意识记的关键因素。

（3）影响学前儿童有意识记的因素:

①学前儿童有意识记的效果,受活动动机和活动性质制约。

②通常,游戏的方式比学习的方式效果好。

4.形象记忆占优势,语词记忆逐渐发展

5.较多运用机械记忆,但意义识记效果好

(二)学前儿童记忆力的培养

(1)明确记忆目的,增强记忆的积极性
(2)让学前儿童在积极的思维过程和活动中识记材料
(3)教学前儿童学会运用记忆方法或策略
(4)引导学前儿童按照遗忘规律进行复习
(5)培养学前儿童对学习的兴趣和信心

▲【真题链接】

一、单项选择题

1.(2014年下半年《保教知识与能力》)按顺序呈现"护士、兔子、月亮、救护车、胡萝卜、太阳"的图片让幼儿记忆,有些幼儿回忆时说:"刚才看到了救护车和护士、兔子和胡萝卜,还有太阳和月亮。"这些儿童运用的记忆策略是( )。

A.复述策略 B.精细加工策略

C.组织策略 D.习惯化策略

【答案】C。解析:组织策略即根据知识经验之间的关系,对学习材料进行系统、有序的分类、整理与概括,使之结构合理化。组织策略在幼儿阶段表现不明显,他们只是采用最初级的形式,如把两种有着共同特点的东西联系在一起记忆。

2.(2021年下、2022年上半年《保教知识与能力》)幼儿时期占优势的记忆类型是( )。

A.意义记忆 B.形象记忆 C.词语逻辑记忆 D.动作记忆

【答案】B。解析:形象记忆是根据具体的形象来识记各种材料。在儿童语言发生之前,其记忆内容只有事物的形象,即只有形象记忆。整个幼儿期,形象记忆占主要地位。

二、简答题

1.(2012年下半年《保教知识与能力》)分析下表所反映的幼儿记忆特点。

表:幼儿形象记忆与语词记忆效果的比较(对10个物或词能回忆出的数量)

年龄(岁)	熟悉的物体	熟悉的词	生疏的词
3~4	3.9	1.8	0
4~5	4.4	3.6	0.3
5~6	5.1	4.6	0.4

【答题要点】

形象记忆占优势,语词记忆逐渐发展:

(1)幼儿形象记忆的效果优于语词记忆。

(2)形象记忆和语词记忆都随着年龄的增长而发展。

(3)形象记忆和语词记忆的差别逐渐缩小。

2.(2023年上半年《保教知识与能力》)根据下图写一下幼儿记忆的发展规律。

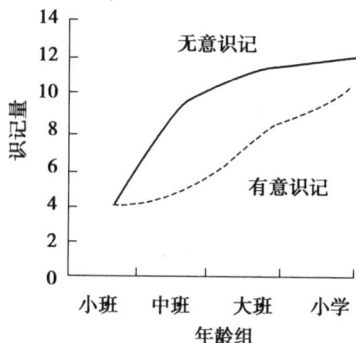

【答题要点】

(1)随着儿童年龄的增加,有意识记、无意识记的能力逐渐提高。

(2)无意识记占优势,有意识记逐渐发展。

(3)幼儿记忆的意识性和记忆方法逐渐发展。

(4)形象记忆占优势,语词记忆逐渐发展。

▲【国赛链接】

1.(2018年国赛)幼儿记忆的特点是(　　)。

  A.无意记忆占优势　　　　　　　　B.比较精确

  C.意义的理解记忆　　　　　　　　D.以有意记忆为主

【答案】A。解析略。

2.(2018年国赛)要求幼儿记住某样东西时,他们往往记住的是和这件事一同出现的其他东西。这一现象称为(　　)。

  A.意义记忆　　　　B.机械记忆　　　　C.错误记忆　　　　D.偶发记忆

【答案】D。解析:偶发记忆指在幼儿记忆的发展过程中,当要求幼儿记住某样东西时,他往往记住的是和这件东西一道出现的其他东西。

3.(2018年国赛)在游戏中,幼儿为了记住游戏图片,每当看到一张图片时,随即说出图片的名称。这位幼儿所使用的记忆策略是(　　)。

  A.使记忆材料系统化　　　　　　　B.复述

  C.比较记忆法　　　　　　　　　　D.分段记忆法

【答案】B。解析:幼儿最常用的记忆策略即复述。

【能力拓展】

一、项目名称

设计培养幼儿使用记忆策略能力的游戏。

二、目标

能够搜集整理或原创提升幼儿记忆策略应用的训练游戏。

三、知识准备

了解幼儿记忆的年龄特征及常见记忆策略。

四、操作指导

(1)设计训练游戏,并撰写设计思路。

(2)以组为单位,实操游戏,并根据实施效果优化设计。

(3)对幼儿进行记忆策略的训练。

◇【本章思考与练习】

一、识记知识

(一)单项选择题

1.下列有关儿童记忆的说法,错误的是(　　　)。

  A.按照记忆的目的性,可以把记忆分为有意识记和无意识记

  B.儿童只有机械记忆,没有意义记忆

  C.儿童形象记忆效果优于语词逻辑记忆

  D."记"是"忆"的前提

2.儿童最早出现的记忆是(　　　)。

  A.情绪记忆　　　　　　　　　　　B.语词记忆

  C.意义记忆　　　　　　　　　　　D.运动记忆

3.3岁前儿童的记忆一般不能永久保持,这种现象称为(　　　)。

  A.短时记忆　　　　　　　　　　　B.瞬时记忆

  C.记忆容量不足　　　　　　　　　D.幼儿期健忘

4.对参加体育比赛获得好成绩时兴奋激动的心情的记忆,属于(　　　)。

  A.形象记忆　　　　　　　　　　　B.语词记忆

  C.情绪记忆　　　　　　　　　　　D.逻辑记忆

5.(　　　)是影响儿童无意识记的关键因素。

  A.兴趣　　　　　B.需要　　　　　C.情绪状态　　　　　D.智力水平

6.(　　　)是指在识记后的某段时间,对材料的回忆量比刚学习完的回忆量有所提高的现象,这是儿童特殊的记忆现象。

  A.自传体记忆　　　　　　　　　　B.内隐记忆

  C.首因效应和近因效应　　　　　　D.记忆恢复

7.(　　)是指儿童脱离了对物体的直接感知而仍然相信该物体持续存在的意识。

A.感觉偏好 　　　　　　　　　　　　B.天真活跃反应

C.客体永久性 　　　　　　　　　　　D.视觉偏好

8.随着年龄的增长,儿童形象记忆与语词记忆的差别(　　)。

A.不会变化 　　　　　　　　　　　　B.逐渐缩小

C.逐渐扩大 　　　　　　　　　　　　D.越来越大

(二)简答题

1.影响儿童无意识记的因素是什么?

2.儿童的记忆表现出哪些特点?

3.儿童有哪些记忆策略?

二、理解知识

1.做简答题属于(　　)的提取方式。

A.保存 　　　　　B.加工 　　　　　C.再认 　　　　　D.回忆

2.冬冬在街上看到商店招牌上的字时,高兴地说:"妈妈,这个字我认识,老师教过我们。"这种现象,在心理学中属于(　　)。

A.识记 　　　　　B.保持 　　　　　C.回忆 　　　　　D.再认

3.在不理解的情况下,靠"死记硬背",儿童也能熟练地背诵古诗,这是(　　)。

A.有意识记 　　　　　　　　　　　　B.无意识记

C.意义识记 　　　　　　　　　　　　D.机械识记

4.在亲子活动中,小龙一听到《我爱北京天安门》这首乐曲的前奏,就说这首歌他会唱,而且前奏停后直接把这首歌唱完了。这种记忆现象在心理学上叫(　　)。

A.再认 　　　　　B.识记 　　　　　C.回忆 　　　　　D.保持

5.(　　)的发展,是儿童记忆发展中质的飞跃。

A.有意识记 　　　　　　　　　　　　B.无意识记

C.意义识记 　　　　　　　　　　　　D.机械识记

6.按顺序呈现"游乐场、猫、白菜、旋转木马、小鱼、土豆"的图片让儿童记忆,有些儿童会说:"刚才看到了游乐场和旋转木马、猫与小鱼,还有白菜和土豆。"这些儿童运用的记忆策略为(　　)。

A.复述策略 　　　　　　　　　　　　B.精细加工策略

C.组织性策略 　　　　　　　　　　　D.提取策略

三、简单运用

1.根据遗忘规律应如何合理组织复习?

2.为什么说儿童的机械识记用得多,而意义识记的效果好?

四、综合运用

1.在日常生活中,我们经常发现,幼儿园教师花费很大的力气教儿童背诵一首歌谣,他们仍不能完全记住。但他们在电视上看到关于儿童食品、玩具、游戏等的广告,只需一两次就将广告词熟记于心。

根据儿童记忆发展的有关原理,对上述案例加以分析。

2.在儿童学习和日常生活中,人们时常可以看到这样的情况:讲完故事后,立即要求儿童复述,有时效果倒不如隔一天以后好。参观动物园之后,立刻要儿童说出看见了什么,他们往往说不出多少,第二天讲出来的往往比头一天更多、更生动。这些说明了儿童记忆的一种什么特殊现象?

3.用单纯重复跟读的方法,教儿童背古诗《咏鹅》,儿童需要三小时才能记住;若在儿童背诵之前,教师先把古诗内容绘成美丽的图画,再用故事形式向儿童讲述诗歌的内容,儿童儿不到一小时就能记住。

(1)此案例所描述的现象:

①"用单纯重复跟读的方法,教儿童背古诗《咏鹅》",是运用什么方法记忆的?

②"若在儿童背诵之前,教师先把古诗内容绘成美丽的图画,再用故事形式向儿童讲述诗歌的内容",是运用什么方法记忆的?

(2)此案例说明了儿童记忆的什么特点?

(3)在儿童教育过程中,我们该怎么做,以提高儿童的记忆能力?

第六章

学前儿童想象的发展

■ 学习目标

1.理解想象的概念和种类。

2.掌握学前儿童想象发展的基本特点。

3.学会运用学前儿童想象发展的基本理论知识,分析幼儿园的教学活动,并能运用有效策略促进学前儿童想象力的发展。

■ 重点难点

重点:学前儿童想象发展的特点。

难点:学前儿童想象力的培养。

■ 本章导学/含考纲要点简要说明

从历年幼儿园教师资格考试真题来看,本章所涉题型包括选择题、简答题和案例分析题,主要围绕想象的种类、学前儿童想象发展的基本特点以及学前儿童想象力的培养进行考查。其中,以学前儿童想象发展的基本特点为依托,融合了家园共育、教师对学前儿童行为教育引导等内容进行综合考查。

■ 本章思维导图

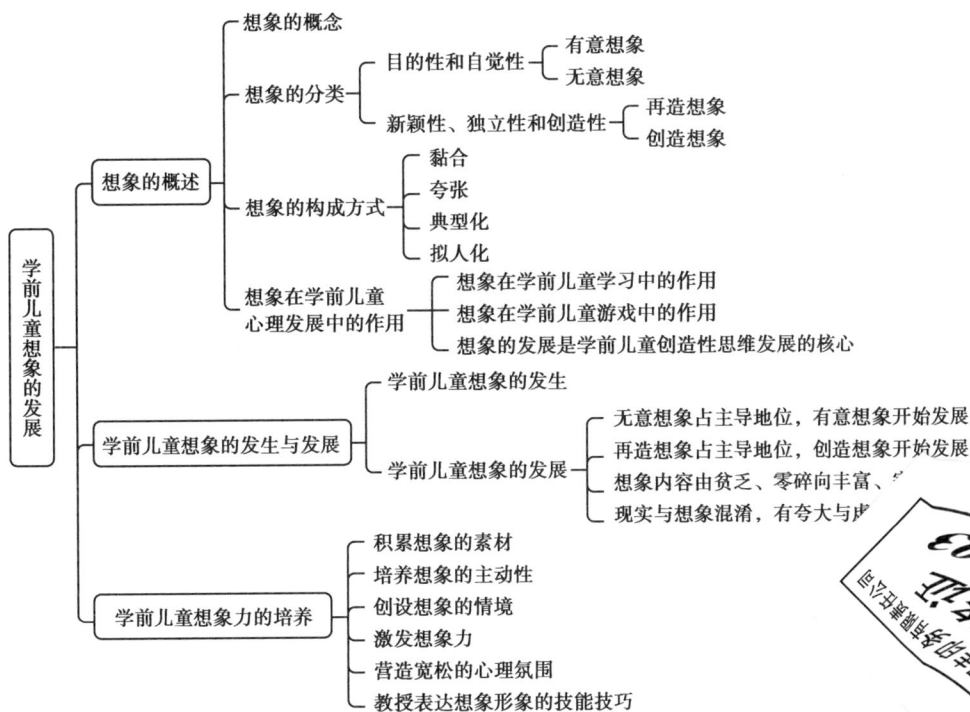

```
                        ┌─ 想象的概念
                        │
                        │              ┌─ 目的性和自觉性 ──┬─ 有意想象
                        │              │                  └─ 无意想象
                        │─ 想象的分类 ─┤
                        │              └─ 新颖性、独立性和创造性 ┬─ 再造想象
                        │                                        └─ 创造想象
              ┌─ 想象的概述
              │         │              ┌─ 黏合
              │         │              ├─ 夸张
              │         │─ 想象的构成方式 ┤
              │         │              ├─ 典型化
              │         │              └─ 拟人化
              │         │
              │         │              ┌─ 想象在学前儿童学习中的作用
              │         └─ 想象在学前儿童 ┤  想象在学前儿童游戏中的作用
              │            心理发展中的作用 └  想象的发展是学前儿童创造性思维发展的核心
 学
 前           │              ┌─ 学前儿童想象的发生
 儿           │              │
 童 ─ 想象的发展│─ 学前儿童想象的发生与发展 ┤           ┌─ 无意想象占主导地位，有意想象开始发展
 想           │              │              │  学前儿童 ├─ 再造想象占主导地位，创造想象开始发展
 象           │              └─ 学前儿童想象的发展 ┤想象的发展├─ 想象内容由贫乏、零碎向丰富、
 的           │                                    └─ 现实与想象混淆，有夸大与
 发           │
 展           │              ┌─ 积累想象的素材
              │              ├─ 培养想象的主动性
              │              ├─ 创设想象的情境
              └─ 学前儿童想象力的培养 ┤ 激发想象力
                             ├─ 营造宽松的心理氛围
                             └─ 教授表达想象形象的技能技巧
```

知识要点解析

一、想象的概述

（一）想象的概念

想象是对头脑中已有的表象进行加工改造，重新组合成为新形象的过程。

（1）想象的基本材料是表象，表象是通过感知觉获得并保存在大脑中的事物的形象。

（2）想象是一种高级复杂的认知活动，它不仅可以创造出人们未曾知觉过的事物和形象，还可以创造现实中不存在的或不可能有的形象。

（二）想象的分类

1.想象的分类结构图

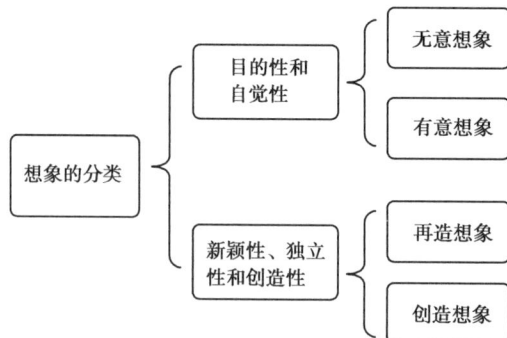

2.无意想象与有意想象

类型	概念
无意想象	没有预定目的,在一定刺激影响下不由自主地进行的想象。
有意想象	人根据一定的目的自觉地进行的想象。

3.再造想象与创造想象

类型	概念
再造想象	根据言语的描述或图形的示意,在头脑中形成相应的新形象的过程。
创造想象	根据已有形象在头脑中独立创造新形象的过程。

4.幻想

（1）概念:幻想是创造想象的特殊形式,是一种与生活愿望相联系并指向未实现的事物的想象。

（2）类型:积极幻想和消极幻想。

类型	概念
积极幻想	符合客观规律与社会要求,在现实中能实现的幻想。
消极幻想	不符合客观规律与社会要求,在现实中不可能实现的幻想。

（三）想象的构成方式

黏合	把客观事物从未结合过的属性、特征在头脑中结合在一起形成新的形象。
夸张	通过改变客观事物的正常特点或突出某些特点而略去一些特点在头脑中形成新的形象。
典型化	把某类事物共同的、最有代表性的特征集中在某一具体的事物上，从而形成新的形象。
拟人化	把人类的特性、特点加在外界事物上，使之人格化的过程。

（四）想象在学前儿童心理发展中的作用

1.想象在学前儿童学习中的作用

（1）在获取间接认识的过程中，没有想象是无法构建新形象、新知识的。

（2）想象能够在学前儿童学习活动中帮助他们掌握抽象的概念，理解较为复杂的知识，创造性地完成学习任务。

2.想象在学前儿童游戏中的作用

（1）游戏是学前儿童的主要活动，没有想象，角色扮演等游戏便无法开展。

（2）想象在学前儿童游戏活动中起着关键作用，通过发展学前儿童的想象力，可以促进学前儿童游戏水平的提高。

3.想象的发展是学前儿童创造性思维发展的核心

创新性思维的核心是想象，丰富的想象是学前儿童创造性思维的重要表象。

二、学前儿童想象的发生与发展

（一）学前儿童想象的发生

1.想象产生的条件

（1）头脑中要有相当数量的、具有稳定性的表象贮存作为想象活动的对象，即加工材料。

（2）要有运用内部的智力动作对已有的表象进行加工改造的能力。

2.学前儿童想象的萌芽状态及其表现

（1）1.5～2岁学前儿童基本具备了想象的基础。

（2）学前儿童最初的想象基本是记忆表象的简单迁移，加工改造的成分极少。

（3）相似联想、象征性游戏都是学前儿童想象的最初表现。

（二）学前儿童想象的发展

1.无意想象占主导地位，有意想象开始发展

（1）无意想象占主导地位：

①想象的主题不稳定。

②常常以想象的过程为满足。

（2）有意想象逐渐发展：

①有意想象开始在无意想象的基础上发展起来。

②中大班学前儿童的想象开始围绕一定的主题进行。

2.再造想象占主导地位，创造想象开始发展

（1）再造想象占主导地位：

①学前儿童的想象常常依赖于成人的言语描述或根据外界情境而变化。

②学前儿童想象中的形象多是记忆表象的极简单加工，缺乏新异性。

（2）创造想象开始发展：

①随着学前儿童知识经验的丰富和抽象概括能力的提高，其再造想象中逐渐出现了一些创造性因素。

②创造性想象表现在学前儿童开始提出一些不平常的问题上。

③学前儿童想象中创造性的成分还很少，只是创造想象的初级形式。

④学前儿童的创造想象存在明显的个体差异。

3.想象内容由贫乏、零碎向丰富、完整发展

4.容易把现实与想象混淆，有夸大与虚构的现象

（1）学前儿童的想象常常脱离现实。

（2）学前儿童的想象常与现实相混淆。学前儿童常常把想象的事情当作真实的，因为受认识水平的影响，学前儿童有时会把想象表象与记忆表象混淆。

三、学前儿童想象力的培养

培养措施	丰富学前儿童的感性知识，积累想象的素材
	保护学前儿童的好奇心，培养想象的主动性
	开展各种游戏活动，创设想象的情境
	充分利用文学、艺术等形式，激发学前儿童的想象力
	鼓励大胆想象，营造宽松的心理氛围
	教给学前儿童表达想象形象的技能技巧

▲【真题链接】

一、单项选择题

1.(2016年上半年《保教知识与能力》)一名幼儿画小朋友放风筝,将小朋友的手画得很长,手几乎比身体长了3倍,这说明了幼儿绘画特点具有(　　)。

　　A.形象性　　　　　　　　　　　　B.抽象性

　　C.象征性　　　　　　　　　　　　D.夸张性

【答案】D。解析:幼儿进行想象时,容易出现夸大与虚构的现象,所以幼儿将手画得很长,几乎比身体长了三倍正是幼儿想象夸张的表现。

2.(2021年下半年《保教知识与能力》)在幼儿绘画活动中,教师最应该强调的是(　　)。

　　A.画面干净、美观　　　　　　　　B.画得和教师的一样

　　C.按照自己的意愿大胆表达　　　　D.画得越像越好

【答案】C。解析:在绘画中教师要遵循幼儿的意愿,请幼儿按照自己的想法表达,才能更好地促进幼儿想象力的发展。B和D选项会更加束缚幼儿,不利于想象力的发展。

二、材料分析题

1.(2013年上半年《保教知识与能力》)离园时,三岁的小凯对妈妈兴奋地说:"妈妈,今天我得了一个'小笑脸',老师还贴在我脑门儿上了。"妈妈听了很高兴,连续两天小凯都这样告诉妈妈。后来妈妈和老师沟通后才得知,小凯并没有得到"小笑脸"。妈妈生气地责怪小凯:"你这么小,怎么就说谎呢?"

问题:小凯妈妈的说法是否正确? 试结合幼儿想象的特点,分析上述现象。

【答题要点】

(1)小凯的妈妈说法有误。

(2)幼儿想象存在容易把现实与想象混淆,有夸大与虚构的特点。

这是幼儿期儿童的一个典型的心理现象。幼儿期儿童的言谈中常常有虚构的成分,对事物的某些特征和情节往往加以夸大。案例中小凯对妈妈说他得了一个"小笑脸",这并非说谎,而是他渴望得到老师的表扬,将想象与现实混淆了,这只是小凯心理水平低、发展还不成熟的表现。

2.(2018年上半年《保教知识与能力》)主题活动中,中班幼儿对画汽车产生了兴趣。为了提升幼儿的会话能力,郭老师提供了面包车的绘画步骤图,鼓励每个幼儿根据步骤图画出汽车。

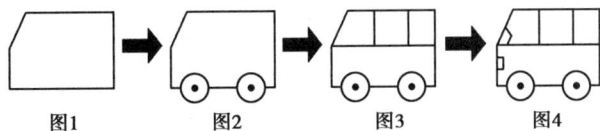

图1　　　　图2　　　　图3　　　　图4

(1)郭老师是否应该投放绘画步骤图? 为什么?

(2)如果你是郭老师,你会怎么做?

【答题要点】

(1)材料中郭老师不应投放面包车步骤图。《指南》指出:幼儿绘画能力的主旨在于审美能力、创造能力的提升。在幼儿绘画时,不宜提供范画,特别不应要求幼儿完全按照范画来画,这样会扼杀幼儿的想象力、创造力和表现力,不利于扩展幼儿的绘画想象空间,同时也不利于活动的趣味性开展和启发性引导。故不应提供"步骤图"。

(2)教育建议:应遵循《指南》《纲要》等相关要求,做到以下几点:①在绘画前使幼儿回归生活,鼓励幼儿在生活中细心观察、体验,为艺术活动积累经验与素材。如观察面包车的形态、类型等。②在绘画过程中也可进行作品欣赏,让幼儿主动寻找创作方式,同时提供丰富的形象材料,如图书、照片、绘画或音乐作品等,让幼儿自主选择,用自己喜欢的方式去模仿或创作,成人不应做过多要求。③根据幼儿的生活经验,与幼儿共同确定艺术表现的主题,引导幼儿围绕主题展开想象,进行艺术表现。④创作后肯定幼儿作品的优点,用表达自己感受的方式引导其提高。幼儿间互动式的模仿及学习也是提高创作能力的隐含方式。如"你的画用了这么多红颜色,感觉就像过年一样喜庆""你的小汽车有四个轱辘,真神奇"等。

▲【国赛链接】

1.(2018年国赛)一个小女孩听爸爸说这次出国回来要给她买电动火车,于是,她到幼儿园对小伙伴说:"我爸爸从国外给我带回一个电动火车,可好玩了。"这是幼儿( )的表现。

A.记忆 B.知觉 C.想象 D.撒谎

【答案】C。解析:幼儿分不清想象与现实之间的界限,容易把头脑中未发生的事情当作真实发生的。

2.(2018年国赛)在同一桌上绘画的幼儿,其想象的主题往往雷同,这说明幼儿想象的特点是( )。

A.想象的主题不稳定,想象方向随外界刺激变化而变化

B.想象无预定目的,由外界刺激直接引起

C.想象的内容零散,无系统性,形象间不能产生联系

D.以想象过程为满足,没有目的性

【答案】A。解析:幼儿想象的主题容易受周围环境的影响,主题不稳定,容易改变。

3.(2019年国赛)幼儿在玩"老鹰抓小鸡"的游戏时,被抓到的幼儿吓哭了,以为自己真的要被吃掉了,这是因为幼儿( )。

A.想象的主题不稳定 B.想象容易同现实相混淆

C.想象易受情绪的影响 D.想象的主题不稳定

【答案】B。解析:幼儿分不清想象与现实之间的界限,容易把想象的事物当成真实的。

4.(2019年国赛)( )的发展是幼儿创造性思维发展的核心。

A.具体形象思维 B.直觉行动思维

C.想象 D.意义记忆

【答案】A。解析:想象的作用之一即想象的发展是幼儿创造性思维发展的核心。

5.(2020年国赛)幼儿会出现这种情况:在同一幅画上把感兴趣的东西都画下来,比如狗、梯形、坦克、树房子。这说明幼儿想象具有(　　)特点。

　　A.无预定目的,由外界刺激引发　　　　B.想象主题不稳定

　　B.想象内容零散　　　　　　　　　　D.以想象过程为满足

【答案】B。解析:幼儿的想象内容零散,无系统性,想到什么画什么。

6.(2021年国赛)在角色游戏中,幼儿正在当"厨师",忽然看见别的小朋友在"看病打针",他就跑去当"医生",这说明幼儿(　　)。

　　A.以想象过程为满足　　　　　　　　B.想象内容零散,无系统

　　C.想象的主题不稳定　　　　　　　　D.想象受情绪和兴趣的影响

【答案】C。解析:幼儿一会儿扮演厨师,一会儿扮演医生,是因为幼儿的主题不稳定,容易改变。

7.(2021年国赛)有个孩子很喜欢大熊猫,有一天他对小朋友说:"我家有一只真的大熊猫。"这说明(　　)。

　　A.幼儿想象的独特性　　　　　　　　B.幼儿想象的夸大和虚构性

　　C.幼儿想象的情绪性　　　　　　　　D.幼儿想象不受外界刺激的影响

【答案】B。解析:幼儿想象存在容易把现实与想象混淆,有夸大与虚构的特点。幼儿喜欢大熊猫,就说家里有大熊猫,主要原因就是把想象和现实混淆了,并进行了夸大与虚构。

【能力拓展】

一、项目名称

观察并分析学前儿童的想象发展状况。

二、目标

(1)能够根据指导开展对学前儿童想象发展状况的观察。

(2)能够利用所学分析学前儿童想象发展的状况。

三、知识准备

知道实施观察的基本方法;了解分析和评价学前儿童想象发展状况的维度。

四、材料准备

图卡、记录表。

五、项目内容

请不同年龄班,至少三名儿童对以下图形进行联想,依次记录下该儿童说的形象,儿童独立进行,观察者开始前说出指导语,过程中不给予任何提示和指导。

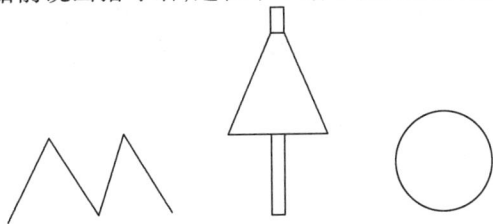

六、分析指导

（1）想象发展水平:说得越多、类型越丰富、联想越抽象,说明想象发展水平越好。

（2）想象发展的年龄特征:纵向比较不同年龄班儿童的想象发展水平。

（3）想象力的个体差异:横向比较同一年龄班儿童想象发展水平的差异。

七、操作指导

准备测验工具—实施观察—分析记录—提出建议。

◇【本章思考与练习】

一、识记知识

（一）单项选择题

1.对头脑中已有的表象进行加工改造,重新组合成为新形象的过程,称为（　　）。
　　A.想象　　　　　　　B.思维　　　　　　　C.记忆　　　　　　　D.感觉

2.通过感知觉获得并保存在大脑中的事物的形象,称为（　　）。
　　A.想象　　　　　　　B.表象　　　　　　　C.表征　　　　　　　D.记忆

3.按照想象的目的性和自觉性,想象可分为无意想象和（　　）。
　　A.创造想象　　　　　　　　　　B.有意想象
　　C.幻想　　　　　　　　　　　　D.再造想象

4.没有预定目的,在一定刺激影响下不由自主地进行的想象,是指（　　）。
　　A.创造想象　　　　　　　　　　B.有意想象
　　C.无意想象　　　　　　　　　　D.再造想象

5.人根据一定的目的自觉地进行的想象,是指（　　）。
　　A.创造想象　　　　　　　　　　B.有意想象
　　C.无意想象　　　　　　　　　　D.再造想象

6.儿童基本具备了想象的基础是在（　　）。
　　A.刚出生　　　　　　　　　　　B.1.5~2 岁
　　C.2.5~3 岁　　　　　　　　　　D.3.5~4 岁

7.按照想象内容的新颖性、独立性和创造性,想象可分为（　　）和创造想象。
　　A.幻想　　　　　　　　　　　　B.有意想象
　　C.无意想象　　　　　　　　　　D.再造想象

8.根据言语的描述或图形的示意,在头脑中形成相应的新形象的过程,是指（　　）。
　　A.创造想象　　　　　　　　　　B.有意想象
　　C.无意想象　　　　　　　　　　D.再造想象

9.根据已有形象在头脑中独立创造新形象的过程,是指（　　）。
　　A.创造想象　　　　　　　　　　B.有意想象
　　C.无意想象　　　　　　　　　　D.再造想象

10.以下不是想象的构成方式的为（　　）。
　　A.黏合　　　　　　　B.夸张　　　　　　　C.典型化　　　　　　D.合理

(二)简答题

1.简述学前儿童想象发展的基本特点。

2.简述想象的概念和种类。

二、理解知识

(一)单项选择题

1.幼儿教师根据本月活动主题设计出黑板报,这种想象属于(　　)。

  A.空想   B.有意想象   C.无意想象   D.幻想

2.幼儿听教师讲述《白雪公主》的故事时,在头脑里形成白雪公主和七个小矮人的形象属于(　　)。

  A.创造想象   B.幻想   C.无意幻想   D.再造想象

3.看见一朵浮云,幼儿认为像小狗,这属于(　　)。

  A.无意想象   B.有意想象   C.无意注意   D.有意注意

4.幼儿对教师说长大后我要成为一名警察,教师夸奖幼儿说这个想法非常好,那你现在就该好好锻炼,以后才能真的当警察。幼儿想当警察这个想法在心理学中属于幻想中的(　　)。

  A.理想   B.空想   C.积极幻想   D.消极幻想

5.有个孩子非常想得到老师的夸奖,但是老师一直没有夸奖她,有一天她回家对妈妈说:"老师今天夸奖我了。"这说明(　　)。

  A.幼儿想象没有目的性   B.想象与现实混淆

  C.幼儿在撒谎   D.只满足于想象过程本身

(二)简单运用

1.试述学前儿童的想象为什么常常脱离现实或者与现实相混淆。

2.试述如何培养学前儿童的想象力。

三、运用知识

1.兰兰在学校和小朋友一起玩过家家"吃牛排",玩得特别高兴。回家后,她告诉妈妈,今天在学校老师带大家吃牛排,妈妈不相信,认为兰兰在撒谎。

(1)根据材料分析,兰兰是否在撒谎,并说明原因。

(2)材料反映了学前儿童想象有哪些特点?

(3)如果你是兰兰的妈妈,你会如何处理这件事?

2.某幼儿经常玩重复的玩具,也经常画同一内容,幼儿园教师和家长都很担心,觉得他缺乏想象力,但是他们不知道如何培养幼儿的想象力。

(1)家长和老师的担心有必要吗? 为什么?

(2)对于培养幼儿的想象力,你有何建议?

第七章

学前儿童思维的发展

■ 学习目标

1.了解思维的概念。

2.掌握学前儿童思维发展的趋势。

3.学前儿童掌握概念的特点、判断和推理发展的特点以及理解的发展趋势。

4.学会运用学前儿童思维发展的基本理论知识,分析幼儿园的教学活动,并能运用有效策略促进学前儿童思维的发展。

■ 重点难点

重点:学前儿童思维发展的特点。

难点:学前儿童思维发展特点的运用。

■ 本章导学/含考纲要点简要说明

从历年幼儿园教师资格考试真题来看,本章所涉题型包括选择题、简答题和案例分析题,主要围绕思维的种类、学前儿童思维发展的趋势以及掌握概念、判断和推理、理解发展的特点进行考查。其中,以学前儿童思维发展的特点为依托,融合了家园共育、教师对学前儿童行为教育引导等内容进行综合考查。

■ **本章思维导图**

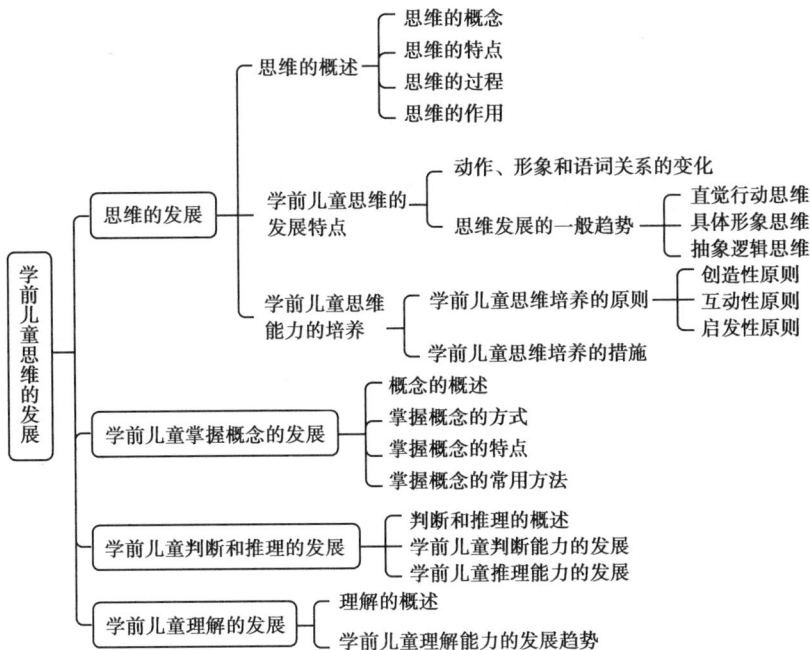

 知识要点解析

一、学前儿童思维的发展

（一）思维的概述

1.思维的概念

思维是人脑对客观事物间接的、概括的反映。

（1）客观事物也指客观现实，主要是指人赖以生存的环境，包括物质环境和社会环境。

（2）思维反映的是客观事物的本质属性和内在规律。

2.思维的特点

间接性	思维不是直接地认识事物，而是借助已有的知识经验和一定的方法，组织和理解那些未感知的事物，或预测事物的发展趋势。
概括性	思维必须把握大量的感性材料，从同一类材料中，抽象和概述出共同特性和本质特性，或者从一类事物中揭示出它们内部的联系及规律性。
组织性	思维对原有经验的重组和改造，从而发现事物的新特征和新联系。

3.思维的过程

分析 与综合	分析是在头脑中把事物的整体分解成各个部分、各个方面或个别特征的思维过程;综合是在头脑里把事物的各个部分、各个方面、各种特征结合起来进行考虑的思维过程。
比较 与分类	比较是在头脑中把各种事物或现象加以对比,确定它们之间异同点的思维过程;分类是在头脑中根据事物或现象的共同点和差异,把它们区分为不同种类的思维过程。
抽象 与概括	抽象是在头脑中把同类事物或现象的共同的、本质的特征抽取出来,并舍弃个别的、非本质特征的思维过程;概括是在头脑中把抽象出来的事物的共同的、本质的特征综合起来并推广到同类事物中去的思维过程。
具体化 与系统化	具体化是指把概括出来的一般认识同具体事物联系起来的思维过程;系统化是指把学到的知识分门别类地按一定结构组成层次分明的整体系统的思维过程。

4.思维的作用

（1）思维的产生使学前儿童的认识过程发生重要质变。

（2）思维的产生和发展使学前儿童的个性开始萌芽。

（二）学前儿童思维的发展特点

1.学前儿童思维发展中动作、形象和语词关系的变化

（1）动作和语言关系的变化。在学前儿童思维发展的过程中,思维借助动作的依赖性逐渐减少,对语言的依赖性逐渐增加。

（2）形象和语词关系的变化。学前中期儿童逐渐摆脱对动作的依赖而在头脑中思考,此时思维的主要工具为事物的具体形象。

随着学前儿童语言的发展,起初,形象的作用超过语词的作用,以后,语词的作用逐渐增强并成为独立的思维工具,但总的来说,形象在学前儿童思维中始终占据优势地位。

2.学前儿童思维发展的一般趋势

思维类型	借助 工具	初次出现 时间	特点	其他
直觉行动 思维	动作	12~18个月	1.直观性与行动性 2.出现了初步的间接性和概括性 3.缺乏行动的计划性和对行动结果的预见性 4.思维的狭隘性	1.智慧动作的出现,标志着直觉行动思维的发生 2.幼儿初期以直觉行动思维为主

续表

思维类型	借助工具	初次出现时间	特点	其他
具体形象思维	表象	幼儿初期	1.思维动作的内隐性 2.具体形象性 3.自我中心性;不可逆性、绝对性、拟人化或泛灵论、过渡性	幼儿期以具体形象思维为主
抽象逻辑思维	语言和概念	幼儿后期	1.开始"去自我中心化" 2.开始获得"守恒"观念 3.开始理解事物的相对性	1.幼儿晚期抽象逻辑思维开始萌芽 2.抽象逻辑思维是最高级的思维形象

　　学前儿童思维发展的一般趋势是从直觉行动思维向具体形象思维过渡,再向抽象逻辑思维发展。学前儿童思维发展的三个水平就发展进程来说是不可逆的,就发展的成果来说又不是互相排斥的。也就是说,思维发展进入高一级水平后,以前的发展成果并没有消失,而是整合到了新水平中。

（三）学前儿童思维能力的培养

1.学前儿童思维培养的原则

　　（1）创造性原则。

　　（2）互动性原则。

　　（3）启发性原则。

2.学前儿童思维培养的措施

学前儿童思维培养的措施	为学前儿童创造操作的机会
	不断丰富学前儿童的感性知识
	发展学前儿童的语言
	激发学前儿童的求知欲,保护他们的好奇心
	通过游戏互动,促进学前儿童思维能力的发展
	教给学前儿童正确的思维方法

二、学前儿童掌握概念的发展

（一）概念的概述

　　（1）概念是思维的基本单位,是人脑对客观事物本质属性的反映。

（2）概念是用词表示的,词是概念的物质外衣,也就是概念的名称。

（二）掌握概念的方式

（1）通过实例获得概念。
（2）通过语言理解获得概念。

（三）掌握概念的特点

（1）以掌握具体实物概念为主,向掌握抽象概念发展。
（2）概念的内涵往往不精确,外延也不恰当。

（四）掌握概念的常用方法

方法名称	具体操作方式
分类法	在幼儿面前随机摆好若干张图片,有他们熟悉的物品的图片,让幼儿把自己认为有共同之处的几张图片放在一起,并说明理由。
排除法	这是分类法的一种特殊形式,即在幼儿面前放若干组图片,每组4~5张,其中有一张与其他几张是非同类关系,要求幼儿将这一张找出来,并说明理由。
解释法	说出一个幼儿熟悉的词,请他加以解释。
守恒法	包括数量守恒、长度守恒、液体质量守恒、面积守恒、体积守恒等,主要为了了解幼儿是否获得某些数学概念,或者所获得的概念是否具有稳定性。

三、学前儿童判断和推理的发展

（一）判断和推理的概述

（1）判断和推理都是思维的形式。

（2）判断是概念与概念之间的联系,是人脑凭借语言的作用,反映事物之间或者事物与其特性之间的肯定或否定性联系的过程。判断分为感知形式的直接判断和抽象形式的间接判断。

（3）推理是人在头脑中根据已有的判断推导出新判断的过程,是判断与判断之间的联系。

（4）概念、判断和推理是互相联系的。概念的形成往往要通过一定的判断、推理过程,获得判断也需要经过推理,推理是思维的最基本形式。

（二）学前儿童判断能力的发展

（1）判断的形式逐渐间接化。

（2）判断的依据逐渐客观化。

（3）判断的论据逐渐明确化。

（三）学前儿童推理能力的发展

1.学前儿童推理水平

（1）抽象概括性差。

（2）逻辑性差。

（3）自觉性差。

2.学前儿童推理的发展

类型	含义	发展水平	其他
归纳推理	从许多特殊信息中得出一个一般性的结论。	转导推理 ⬇ 归纳推理	1.学前儿童倾向于归纳推理。2.学前儿童经常使用归纳推理和类比推理。
演绎推理	根据一些假设为真的前提,得出结论。	自由联想型 ⬇ 重复前提型 ⬇ 实际理由型 ⬇ 命题演绎型	1.学前儿童的演绎推理处于萌芽时期。2.青春期儿童倾向于演绎推理。
类比推理	根据两个对象在某些属性上相同或相似,通过比较而推断出它们在其他属性上也相同的推理过程。	不会推理 ⬇ 低水平 ⬇ 过渡水平 ⬇ 较高水平 ⬇ 高水平	类比推理是归纳推理和演绎推理的有机结合。

四、学前儿童理解的发展

（一）理解的概述

（1）理解是个体运用已有的知识经验去认识事物的联系、关系乃至其本质和规律的思维活动。

（2）学前儿童思维的发展也表现为理解能力的提高。

（二）学前儿童理解能力的发展趋势

（1）从对个别事物的理解、发展到对事物之间关系的理解。

（2）从主要依靠具体形象来理解事物，发展到依靠语言说明来理解。

（3）从对事物作简单、表面的理解，发展到理解事物较复杂、较深刻的含义。

（4）从不理解事物的相对关系，发展到逐渐能理解事物的辩证关系。

▲【真题链接】

一、单项选择题

1.（2015年下半年《保教知识与能力》）小班幼儿玩橡皮泥时，往往没有计划性。橡皮泥搓成团就说是包子，搓成条就说是面条，长条橡皮泥卷起来就说是麻花。这反映了小班幼儿（　　）。

　　A.具体形象思维特点　　　　　　　　B.直接行动思维特点

　　C.象征性思维特点　　　　　　　　　D.抽象逻辑思维特点

【答案】B。解析：幼儿将橡皮泥捏成团说是包子，捏成条说是麻花，没有任何事先的计划，典型的先做后想，思维依靠行动和感知。

2.（2016年上半年《保教知识与能力》）下雨天走在被车轮碾过的泥泞路上，晓雪说："爸爸，地上一道一道的是什么呀？"爸爸说："是车轮压过的泥地儿，叫车道沟。"晓雪说："爸爸脑门儿上也有车道沟（指皱纹）。"晓雪的说法体现的幼儿思维特点是（　　）。

　　A.转导推理　　　　　　　　　　　　B.演绎推理

　　C.类比推理　　　　　　　　　　　　D.归纳推理

【答案】C。解析：根据两个对象在某些属性上相同或相似，通过比较而推断出它们在其他属性上也相同的推理过程。脑门上的皱纹和车轮碾压过的泥地儿都凹凸不平，因此晓雪说："爸爸脑门儿上也有车道沟。"这说明幼儿的思维以类比推理为主。

3.（2016年下半年《保教知识与能力》）青青的妈妈说："那小孩嘴真甜！"青青问："妈妈，您舔过她的嘴吗？"这主要是反映青青（　　）。

　　A.思维片面性　　　　　　　　　　　B.思维的拟人性

C.思维的生动性   D.思维的表面性

【答案】D。解析:幼儿思维只是根据具体接触的表面现象来进行的,因此,幼儿的思维往往只是反映事物的表面联系,而不是事物的本质联系。思维的片面性是指由于幼儿不能抓住事物的本质特征,他们的思维常常是片面的,不善于全面地看待问题。

4.(2017年上半年《保教知识与能力》)午餐时餐盘不小心掉在地上,看到这一幕的亮亮对老师说:"盘子受伤了,它难过得哭了。"这说明亮亮的思维特点是(   )。

A.自我中心   B.泛灵论   C.不可逆   D.不守恒

【答案】B。解析:自我中心性指的是幼儿只能从自己的角度去解释、认识世界,很难从别人的观点去看待事物,主要表现在:不可逆性、泛灵论和经验性。泛灵论是指幼儿往往把动物或一些物体当作人,他们把自己的行动经验和思想感情强加到小动物或小玩具身上,和它们说话,把它们当作好朋友。题干体现的是泛灵论。

5.(2018年上半年《保教知识与能力》)小红知道9颗花生吃掉5颗,还剩4颗,却算不出"9-5"等于多少。说明小红的思维具有(   )。

A.具体形象性   B.抽象逻辑性

C.直观动作性   D.不可逆性

【答案】A。解析:本题考查学前儿童思维的发展。幼儿时期典型的思维方式是具体形象思维,需要借助具体的形象事物或事物的表象进行思维,幼儿知道9颗花生吃了5颗,还剩4颗,这说明幼儿能够借助具体的事物进行思维,但是还不能运用逻辑运算思维。

6.(2020年下半年《保教知识与能力》)大班幼儿认知发展的主要特点是(   )。

A.直觉行动性   B.具体形象性

C.抽象逻辑性   D.抽象概括性

【答案】B。解析:本题考查大班幼儿的认知发展。具体形象思维,是指依靠事物的形象和表象来进行的思维。一般认为2.5~3岁是幼儿从直觉行动思维向具体形象思维转化的关键年龄。3岁至6、7岁幼儿思维的典型方式是具体形象思维。5岁幼儿的思维仍以具体形象思维为主,抽象逻辑思维有一定的发展,这时幼儿已能进行一些更加概括的思维和逻辑抽象的思维活动。大班幼儿的年龄是5~6岁,根据题干表述,大班幼儿的认知特点主要就是具体形象性。

二、材料分析题

1.(2014年上半年《保教知识与能力》)茵茵已经上了中班,她知道把2个苹果和3个苹果加起来,就有5个苹果。但问她2加3等于几,她直摇头。根据上述案例简述中班幼儿数学学习的思维特点以及教育的启示。

【答题要点】

(1)中班幼儿数学学习的思维特点包括:

①中班幼儿数学思维是以具体形象性思维为主,较少依靠行动来思维,但是思维过程还必须依靠实物的形象作支柱。如茵茵知道了3个苹果加2个苹果是5个苹果,但还不理解"2加3等于几"的抽象含义。

②此阶段,他们对事物的认识是直接、简单和表面化的,概括的水平很低,只能从生活和游戏中感受事物的数量关系。

(2)对教育的启示:

①教师应从中班活动目标出发,设计各种游戏材料,为教学游戏化提供物质保证。

②教师要注意为幼儿创设与教学游戏活动相适应的教学环境,激发幼儿参与活动的主动性。

2.(2017年上半年《保教知识与能力》)

情境一:

一天晚上,莉莉和妈妈散步时,有下列对话:

妈妈:月亮在动还是不动?

莉莉:我们动它就动。

妈妈:是什么使它动起来的呢?

莉莉:是我们。

妈妈:我们怎么使它动起来的呢?

莉莉:我们走路的时候它自己就走了。

情境二:

在幼儿园教学区活动中,教师给莉莉出示两排同样多的纽扣,莉莉认为一一对应排列的两排纽扣一样多。当教师把下面一排纽扣聚拢时,她就认为两排纽扣不一样多了……

(1)莉莉的行为表明她处于思维发展的什么阶段?举例说明这个阶段幼儿思维的主要特征及表现。

(2)幼儿这种思维特征对幼儿园教师的保教活动有什么启示?

【答题要点】

(1)莉莉的行为表明她正处在思维发展的具体形象思维阶段。

这一阶段的主要特征为思维的不守恒性、具体形象性、刻板性和泛灵论等的自我中心性,只能从一个角度思考问题。不守恒性表现为两排相同数量的纽扣,更改了排列方法,幼儿会认为数量也发生了更改;具体形象性表现为幼儿知道2个苹果加3个苹果是5个苹果,但不知道2+3=5,思维需要具体事物给予支持;刻板性表现为幼儿知道2+3=5,但不知道3+2等于几;泛灵论表现在幼儿认为娃娃、椅子都和她一样是有生命有思维的。自我中心性即幼儿只能从一个角度思考问题,表现在莉莉认为月亮是跟着她在运动的。

(2)这种思维特征对幼儿园教师的保教活动的启示为:

首先,教师要通过各种活动丰富幼儿的表象,在教学活动中应重视幼儿在各种活动中积累起来的感性经验,使幼儿能在头脑中形成清晰的印象。

其次,幼儿园开展的活动要坚持直观性原则,在为幼儿提供活动时要尽可能具体、形象、直观化,重视教具的形象、生动性。

3.(2022年上半年《保教知识与能力》)某大班几个小朋友在讨论有关动物的问题。老师问:"你们刚才说了很多动物,我想问问,到底什么是动物?"丁丁说:"我们刚才说的大象、猴子、孔雀、斑马都是动物!"鹏鹏说:"动物有的有腿,有的有翅膀,有的会跑,有的会飞,有的会在水里……"蓝蓝马上接着说:"有的吃草,有的吃米,有的喜欢吃肉……"睿睿说:"我觉得会自己动的,会吃东西的,都是动物。"

问题:请分析上述儿童概念发展的水平。

【答题要点】

(1)以掌握具体实物概念为主,向掌握抽象概念发展。教师问什么是动物,丁丁、鹏鹏、蓝蓝、睿睿都是在对他们见过动物进行具体描述,比如大象、斑马,如果动物的生活习性都是具体化的,并且结合具体实物概念,虽然有儿童在描述动物的习性时有概括化的倾向,但主要还是具体化的。

(2)概念的内涵往往不精确,外延也不恰当。丁丁、鹏鹏、蓝蓝、睿睿在解释动物的概念时都只说了动物的部分特点,比如生活在哪里、要吃什么东西,内涵不够精确,甚至睿睿还提到了人,所以外延也不恰当。

▲【国赛链接】

1.(2018年国赛)幼儿典型的思维方式是( )。

  A.直观动作思维　　　　　　　　　B.抽象逻辑思维

  C.直观感知思维　　　　　　　　　D.具体形象思维

【答案】D。解析:幼儿典型的思维方式是具体形象思维。

2.(2018年国赛)下列哪种活动反映了儿童的形象思维?( )

  A.做游戏,遵守交通规则过马路　　B.通过点数数桌上的苹果

  C.给娃娃穿衣、喂奶　　　　　　　D.儿童能算出 2+3＝5

【答案】C。解析:形象思维是借助具体形象或表象进行的思维,选项 C 给娃娃穿衣、喂奶正是借助具体形象进行思维,符合形象思维的特点。

3.(2019年国赛)某幼儿给"鱼"下定义时说:"鱼是一种会游的动物。"该幼儿的概括水平为( )。

  A.初步概念水平　　　　　　　　　B.依据具体特征下定义

  C.不会下定义　　　　　　　　　　D.同义反复

【答案】A。解析:题干中体现出幼儿的还处于根据具体特征下定义的概括水平。

4.(2019年国赛)幼儿理解能力发展的表现之一是( )。

  A.从整体到部分

  B.从定向性到选择性

  C.从主动到被动

  D.从主要依靠具体形象到依靠语言说明

【答案】D。解析:幼儿理解能力发展的表现为四个方面:一是从对个别事物的理解,发展到理解事物的关系;二是从主要依靠具体形象来理解事物,发展到依靠语言说明来理解;三是从对事物作简单、表面的理解,发展到理解事物较复杂、较深刻的含义;四是从不理解事物的相对关系,发展到逐渐能理解事物的辩证关系。四个选项中只有 D 项

符合。

5.(2020年国赛)3岁的浩浩玩插塑时,他的妈妈总是让他想好了再去插,而他却是拿起插塑就开始随便地插,插出什么样,就说插的是什么。关于这一现象说法不正确的是(   )。

    A.浩浩思维体现了抽象逻辑性

    B.浩浩现在的思维离不开直接感知和行动,行动的目的性、计划性很差

    C.浩浩现在思维带有较大的直观行动性

    D.浩浩的行为符合该年龄段思维的特征

【答案】A。解析:题干中提到浩浩插塑,随便插,插出什么样就说插的什么,体现了浩浩思维主要依靠插这个动作,缺乏目的性,也具有直观行动性,而这些都是符合3岁浩浩的思维特征的。所以选项B、C、D是正确的,选项A抽象逻辑思维主要借助语言和概念进行思考,题干中并没有体现,所以错误的为A选项。

6.(2020年国赛)2岁前婴儿直觉行动式的思维使得其动作具有一些特点,以下错误的表述是(   )。

    A.动作有试误性   B.动作无计划性

    C.精细动作发展迟缓   D.动作停止思维停止

【答案】C。解析:2岁前婴儿精细动作发展水平较低,但是发展速度很快,所以选项C精细动作发展迟缓表述错误。

7.(2021年国赛)成人习惯说:“你如果不多加衣服就会感冒。”孩子则不能接受这种预见的后果,她看到小布裙子好看,她要穿。这说明这个小孩的思维还处在(   )阶段。

    A.直观行动思维   B.具体形象思维

    C.前概念思维   D.抽象逻辑思维

【答案】A。解析:直观行动思维是最低水平的思维。这种思维主要表现在儿童需要借助动作、直观物体进行思维,题干中孩子看到裙子当时会觉得裙子好看,不会思考以后发生的事情。

8.(2021年国赛)儿童离开玩具就不会游戏了,说明其思维方式是(   )。

    A.直觉行动思维   B.具体形象思维

    C.抽象逻辑思维   D.形式运动思维

【答案】A。解析:直觉行动思维是最低水平的思维。这种思维主要表现在儿童需要借助动作进行思维,动作停止思维就停止了。题干中儿童离开玩具,停止了玩玩具的动作,就不会游戏了,符合直觉行动思维的特点。

【能力拓展】

一、项目名称

儿童思维测试量表《瑞文推理测试》。

二、目标

了解测试儿童思维的常用工具。

《瑞文推理测试》介绍：

测试前准备	(1)准备《瑞文推理测试》 (2)掌握《瑞文推理测试》的使用与解读方法 (3)一支笔
指导语	(1)整个测验一共由60个题目组成，按逐步增加难度的顺序分成A、B、C、D、E 5组，每一组包含12个题目，也按逐渐增加难度的方式排列。 (2)受试者根据大图案内图形的某种关系去思考、去发现，看哪一个小图案添入大图案中缺失的部分最合适，使整个图案形成一个合理完整的整体。 (3)把选项填入括号里

◇【本章思考与练习】

一、识记知识

(一)单项选择题

1.根据两个事物之间的关系，推断出其他两个类似事物之间也有相应的关系，属于（　　）。

　　A.归纳推理　　　　　B.类比推理　　　　C.演绎推理　　　　D.概括

2.儿童从（　　）开始表现出智慧动作起，直觉行动思维一直可以延续到幼儿园小班时期。

　　A.12～18个月　　　B.0～12个月　　　C.18～24个月　　　D.24～36个月

3.自我中心性是（　　）的特点。

　　A.直觉行动思维　　　B.具体形象思维　　C.抽象逻辑思维　　D.形式运算思维

4.直观性与行动性是（　　）的特点。

　　A.直觉行动思维　　　　　　　　B.具体形象思维

　　C.抽象逻辑思维　　　　　　　　D.形式运算思维

5.学前儿童（　　）时期开始获得"守恒"观念，开始理解事物的相对性。

　　A.直觉行动思维　　　B.具体形象思维　　C.抽象逻辑思维　　D.形式运算思维

6.培养幼儿的思维需要坚持创造性原则、互动性原则和（　　）。

　　A.启发性原则　　　　　　　　　B.直观性原则

　　C.形象性原则　　　　　　　　　D.原创性原则

7.幼儿利用掰手指数数，动作停止，他们的思维也就停止了。幼儿这种依赖实际动作的思维被称为（　　）。

　　A.创造表象思维　　　　　　　　B.直觉行动思维

　　C.具体形象思维　　　　　　　　D.抽象逻辑思维

8.人脑对客观事物间接的、概括的反映，称为（　　）。

　　A.注意　　　　　　　B.想象　　　　　　C.思维　　　　　　D.心理

9.以下不是思维特点的为(　　　)。

　　A.概括性　　　　　B.间接性　　　　　C.组织性　　　　　D.直接性

10.按逻辑学的分类,推理类型不包括(　　　)。

　　A.演绎推理　　　　　　　　　　B.归纳推理

　　C.类比推理　　　　　　　　　　D.分析推理

（二）简答题

1.简述思维的过程。

2.简述学前儿童理解能力的发展趋势。

二、理解知识

（一）单项选择题

1.幼儿把苹果、香蕉统称为"水果",都可以生吃,这表明该幼儿拥有了(　　　)。

　　A.具体形象思维　　　　　　　　B.抽象逻辑思维

　　C.直觉行动思维　　　　　　　　D.感知行动思维

2.儿童为了拿到桌上的苹果,拉动桌布,使苹果离自己更近,进而拿到苹果,儿童拉动桌布拿到苹果,体现了(　　　)思维。

　　A.直觉行动　　　　B.具体形象　　　　C.抽象逻辑　　　　D.表象

3.根据"做游戏是很开心的事"和"我今天做过游戏",得出结论"我今天很开心",体现了(　　　)。

　　A.演绎推理　　　　　　　　　　B.归纳推理

　　C.类比推理　　　　　　　　　　D.假设推理

4.把两堆苹果放在一起,涛涛能点数出它们的总数,涛涛的这种思维叫(　　　)。

　　A.直觉行动思维　　　　　　　　B.具体形象思维

　　C.低级思维　　　　　　　　　　D.抽象逻辑思维

5.一叠卡片"书""医生""摩托车""护士""卡车""笔"让幼儿记忆,幼儿经过记忆后,再现时说有"书"和"笔","医生"和"护士","摩托车"和"卡车",这个思维过程反映了思维的(　　　)。

　　A.间接性　　　　　　　　　　　B.组织性

　　C.具体性　　　　　　　　　　　D.分类性

（二）简单运用

1.试述具体形象思维的特点。

2.试述如何培养学前儿童的思维能力。

三、运用知识

1.3 岁的明明利用掰手指来学习算术,他可以算出 10 以内的加减法,但是当教师不允许明明掰手指算术时,明明连 5 以内的加减法都无法完成。

（1）这个现象说明明明正处于何种思维阶段？这种思维有何特点？

（2）教师应该如何利用这种思维特点进行教学？

2.小朋友想拿桌子上的玩具，但是拿不到，于是他端来了凳子，爬到凳子上拿到了玩具。

（1）小朋友借助凳子拿到了玩具，能说明他具有了思维能力吗？为什么？

（2）思维有哪些特点？

（3）我们在培养儿童的思维能力时需要遵循哪些原则？

第八章

学前儿童言语的发展

■ 学习目标

1. 理解言语的概念、分类、言语获得理论等基础知识。
2. 掌握学前儿童言语发展的年龄特征。
3. 能够运用所学知识分析学前儿童的表现及教育教学活动的适宜性。

■ 重点难点

重点:理解学前儿童言语发展的年龄特征。
难点:运用所学知识分析学前儿童言语的发展特点和教育教学活动的适宜性。

■ 本章导学/含考纲要点简要说明

本章讲述学前儿童言语发展的年龄特征及实践应用规律。从历年幼儿园教师资格考试真题来看,本章所涉题型基本为选择题,以识记为主,较多围绕学前儿童言语发展的特点命题,其中语音、词汇、语法及口语表达的发展是重点。同时,也有部分题以言语的发展特点为依托,融合语言领域教学进行综合考查,凸显应用性和适岗性。所以,在学习本章内容时,一方面,注意对言语发展过程中的重要年龄和标志性表现精准记忆;另一方面,注意课程之间相关知识的融会贯通,加深对知识的理解,增强知识的应用性。

■ 本章思维导图

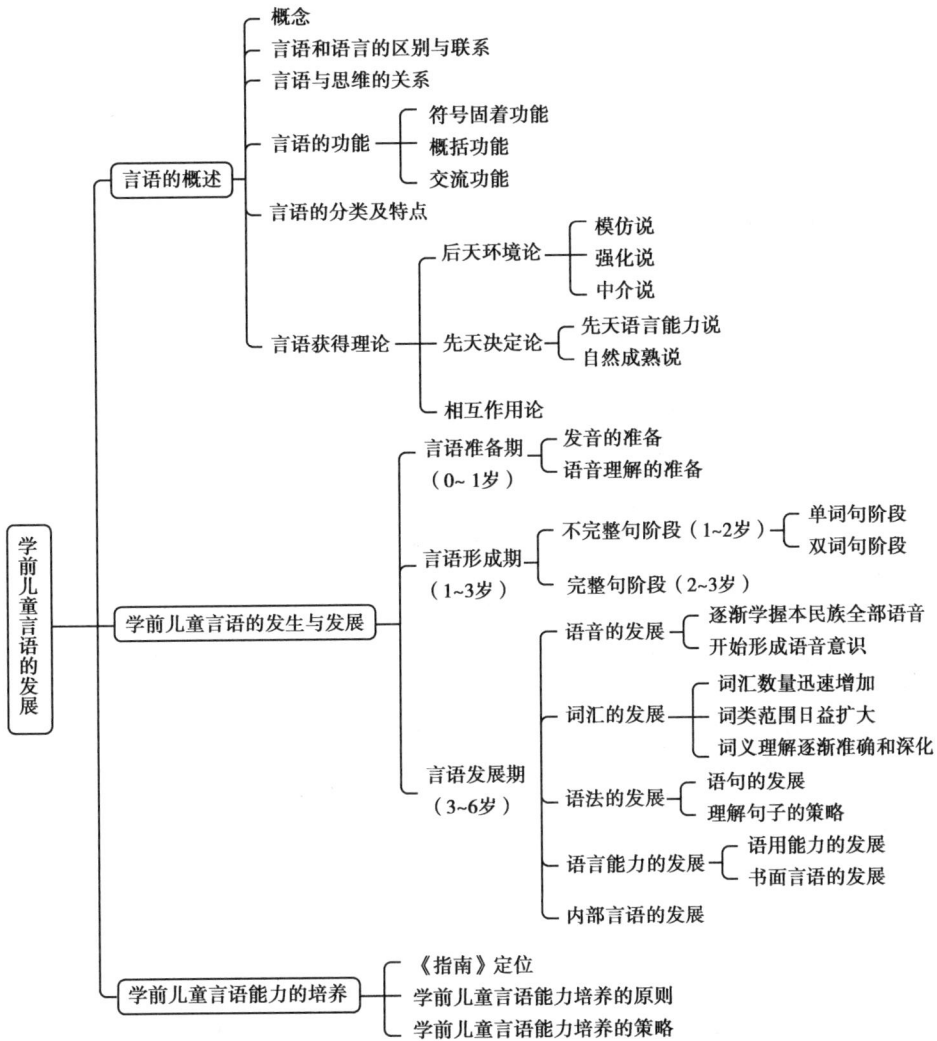

学前儿童言语的发展
- 言语的概述
  - 概念
  - 言语和语言的区别与联系
  - 言语与思维的关系
  - 言语的功能
    - 符号固着功能
    - 概括功能
    - 交流功能
  - 言语的分类及特点
  - 言语获得理论
    - 后天环境论
      - 模仿说
      - 强化说
      - 中介说
    - 先天决定论
      - 先天语言能力说
      - 自然成熟说
    - 相互作用论
- 学前儿童言语的发生与发展
  - 言语准备期（0~1岁）
    - 发音的准备
    - 语音理解的准备
  - 言语形成期（1~3岁）
    - 不完整句阶段（1~2岁）
      - 单词句阶段
      - 双词句阶段
    - 完整句阶段（2~3岁）
  - 言语发展期（3~6岁）
    - 语音的发展
      - 逐渐学握本民族全部语音
      - 开始形成语音意识
    - 词汇的发展
      - 词汇数量迅速增加
      - 词类范围日益扩大
      - 词义理解逐渐准确和深化
    - 语法的发展
      - 语句的发展
      - 理解句子的策略
    - 语言能力的发展
      - 语用能力的发展
      - 书面言语的发展
    - 内部言语的发展
- 学前儿童言语能力的培养
  - 《指南》定位
  - 学前儿童言语能力培养的原则
  - 学前儿童言语能力培养的策略

知识要点解析

一、言语的概述

（一）概念

言语是个体借助语言传递信息的过程。

语言是指以语音为载体、以词为基本单位、以语法为构建规则的符号系统。

（二）言语和语言的区别与联系

区别	(1)语言是工具,言语则是对这种工具的运用。 (2)语言是社会现象,是静态的符号;言语是心理现象,是动态的过程。
联系	言语活动依靠语言来进行。 语言是在具体的言语交往情境中发展起来的。

（三）言语与思维的关系

（1）言语是实现思维的工具。

（2）言语活动的顺利开展有赖于思维的帮助。

（四）言语的功能

（1）符号固着功能。

（2）概括功能。

（3）交流功能。

（五）言语的分类及特点

分类			特点
外部言语	口头言语	对话言语	情境性、两人及两人以上之间发生的。
		独白言语	连贯性、一个人独自进行的。
	书面言语		文字为媒介
内部言语			1."不出声"的特点。 2.易受外在环境的干扰,抗干扰性差。 3.幼儿特色的言语形式——"自言自语"（过渡阶段),兼具内部与外部言语的双重特性,负担交往和自我调节双重功能。

（六）言语获得理论

取向	理论名称	主要观点
后天环境论	模仿说	1.传统模仿理论:儿童的言语是从模仿成人言语而来,儿童言语只是成人言语的简单翻版。（阿尔波特） 2.选择性模仿:儿童的言语学习不是简单的机械模仿,儿童有选择和创造的空间,是在自然环境中发生的,不是训练和强化的结果。（怀赫斯特）
	强化说	言语是通过操作性条件反射获得的。（斯金纳）
	中介说	又称传递说,以"传递性刺激"和"传递性反应"为中介来作为传统刺激-反应理论的补充,来解释环境如何通过语言作用于人。（斯塔茨）
先天决定论	先天语言能力说	又称"生成转换语法理论",主张言语获得的影响因素是先天遗传的语言能力。（乔姆斯基）
	自然成熟说	生物的遗传素质是人类获得言语的决定因素,人类大脑有先天存在的语言结构,大脑机能发育成熟则达到一种语言准备状态,只要外部条件激活,就能转化为现实的语言结构。（勒纳伯格）
相互作用论		言语发展来源于心理成熟、认知发展和不断变化的语言环境之间复杂的相互作用。（皮亚杰）

二、学前儿童言语的发生与发展

（一）言语准备期（0~1岁）

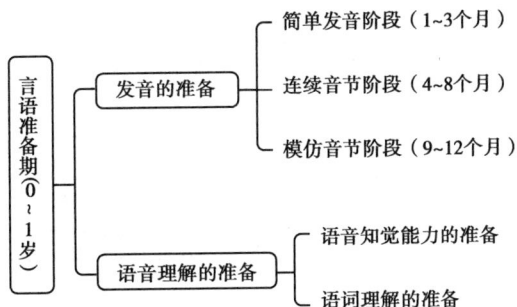

（二）言语形成期（1~3岁）

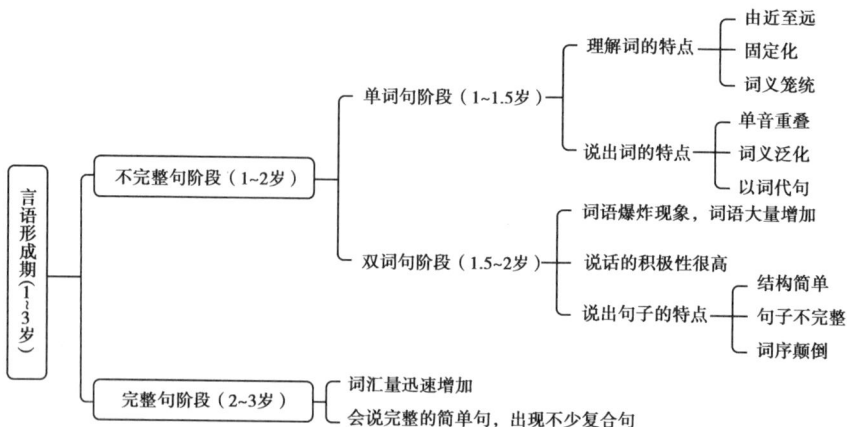

言语形成期（1~3岁）
- 不完整句阶段（1~2岁）
  - 单词句阶段（1~1.5岁）
    - 理解词的特点
      - 由近至远
      - 固定化
      - 词义笼统
    - 说出词的特点
      - 单音重叠
      - 词义泛化
      - 以词代句
  - 双词句阶段（1.5~2岁）
    - 词语爆炸现象，词语大量增加
    - 说话的积极性很高
    - 说出句子的特点
      - 结构简单
      - 句子不完整
      - 词序颠倒
- 完整句阶段（2~3岁）
  - 词汇量迅速增加
  - 会说完整的简单句，出现不少复合句

（三）言语发展期（3~6岁）

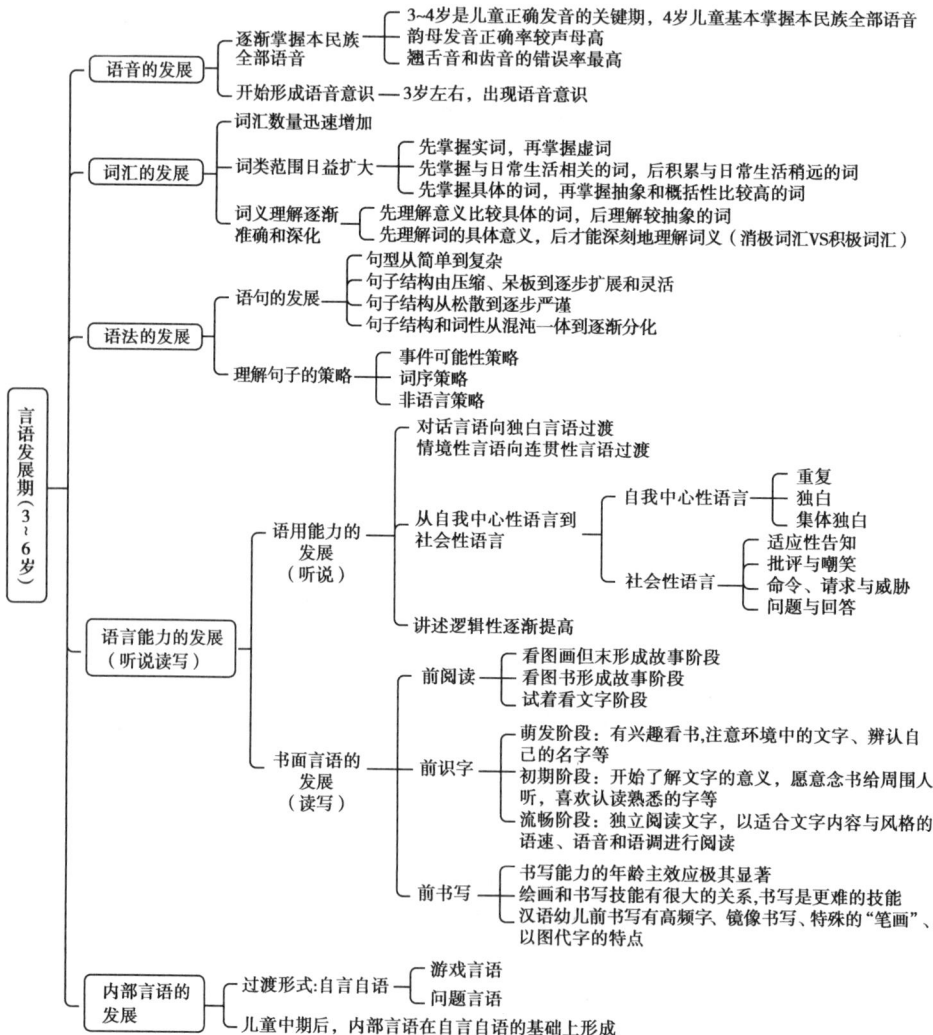

言语发展期（3~6岁）
- 语音的发展
  - 逐渐掌握本民族全部语音
    - 3~4岁是儿童正确发音的关键期，4岁儿童基本掌握本民族全部语音
    - 韵母发音正确率较声母高
    - 翘舌音和齿音的错误率最高
  - 开始形成语音意识——3岁左右，出现语音意识
- 词汇的发展
  - 词汇数量迅速增加
  - 词类范围日益扩大
    - 先掌握实词，再掌握虚词
    - 先掌握与日常生活相关的词，后积累与日常生活稍远的词
    - 先掌握具体的词，再掌握抽象和概括性比较高的词
  - 词义理解逐渐准确和深化
    - 先理解义比较具体的词，后理解较抽象的词
    - 先理解词的具体意义，后才能深刻地理解词义（消极词汇VS积极词汇）
- 语法的发展
  - 语句的发展
    - 句型从简单到复杂
    - 句子结构由压缩、呆板到逐步扩展和灵活
    - 句子结构从松散到逐步严谨
    - 句子结构和词性从混沌一体到逐渐分化
  - 理解句子的策略
    - 事件可能性策略
    - 词序策略
    - 非语言策略
- 语言能力的发展（听说读写）
  - 语用能力的发展（听说）
    - 对话言语向独白言语过渡
    - 情境性言语向连贯性言语过渡
    - 从自我中心性语言到社会性语言
      - 自我中心性语言
        - 重复
        - 独白
        - 集体独白
      - 社会性语言
        - 适应性告知
        - 批评与嘲笑
        - 命令、请求与威胁
        - 问题与回答
    - 讲述逻辑性逐渐提高
  - 书面言语的发展（读写）
    - 前阅读
      - 看图画但未形成故事阶段
      - 看图书形成故事阶段
      - 试着看文字阶段
    - 前识字
      - 萌发阶段：有兴趣看书，注意环境中的文字、辨认自己的名字等
      - 初期阶段：开始了解文字的意义，愿意念书给周围人听，喜欢认读熟悉的字等
      - 流畅阶段：独立阅读文字，以适合文字内容与风格的语速、语音和语调进行阅读
    - 前书写
      - 书写能力的年龄主效应极其显著
      - 绘画和书写技能有很大的关系，书写是更难的技能
      - 汉语幼儿前书写有高频字、镜像书写、特殊的"笔画"、以图代字的特点
- 内部言语的发展
  - 过渡形式:自言自语
    - 游戏言语
    - 问题言语
  - 儿童中期后，内部言语在自言自语的基础上形成

三、学前儿童言语能力的培养

（一）《指南》定位

《指南》中语言领域直接指向儿童言语能力的发展与培养,该领域具体两个方面和六个目标如下:

语言领域子领域一　倾听与表达

　　目标1　认真听并能听懂常用语言

　　目标2　愿意讲话并能清楚地表达

　　目标3　具有文明的语言习惯

语言领域子领域二　阅读与书写准备

　　目标1　喜欢听故事、看图书

　　目标2　具有初步的阅读理解能力

　　目标3　具有书面表达的愿望和初步技能

可以将以上发展目标归纳为四个语言能力:听、说、读、写。其中,《指南》强调语言领域重点在于培养幼儿的口语交流能力、阅读兴趣、阅读习惯以及初步的阅读理解能力。

（二）学前儿童言语能力培养的原则

(1)顺应学前儿童言语发展的规律。

(2)尊重学前儿童言语表达的兴趣倾向。

(3)赏识学前儿童的言语表达。

（三）学前儿童言语能力培养的策略

(1)创造条件,让学前儿童有充分交往与活动的机会。

(2)帮助学前儿童扩大眼界,丰富生活,增加词汇。

(3)重视学前儿童语言教育活动中言语能力的训练。

(4)成人语言规范的榜样作用。

【职场链接】

学前儿童常见的语言障碍——口吃

概念	俗称"结巴、磕巴",学名为"言语流畅障碍",表现为言语频繁地与正常流利的人在频率和强度上不同且非自愿的重复(语音、音节、单词或短语)、停顿、拖长打断。

续表

成因	1.遗传因素:有童年起病的言语流畅障碍个体的一级亲属中,发生口吃的风险比一般人群高三倍。 2.语言神经中枢发育不良或神经生理异常。 3.生理疾病:儿童脑部感染、头部受伤以及患百日咳、麻疹、流感、猩红热等传染病后也易引起口吃。 4.生理原因:2~4岁儿童言语调节机制不完善,会造成发音困难。 5.心理原因:即因说话时过于急躁、激动和紧张造成。 6.模仿与暗示:幼儿期儿童口吃常有很大的"传染性"。
干预策略	1.消除紧张、焦虑情绪。 2.发音矫正训练。 3.重复其发音,正确示范。

▲【真题链接】

一、单项选择题

1.(2011年上半年《保教知识与能力》)儿童语音形成的现实条件是(   )。

　　A.环境　　　　　　B.遗传素质　　　　　C.语音模仿　　　　D.语音强化

【答案】A。解析:儿童语音形成的现实条件是环境。

2.(2012年上半年《保教知识与能力》)儿童学习语言的关键期是(   )。

　　A.0~1岁　　　　　B.1~3岁　　　　　　C.3~6岁　　　　　　D.5~6岁

【答案】B。解析:1~3岁的儿童处于语言学习的关键期。

3.(2013年上半年《保教知识与能力》)冬冬边玩魔方边自己小声嘀咕:"转一下这面试试,再转这面呢?"这种语言被称为(   )。

　　A.角色语言　　　　　　　　　　　　　　B.对话语言

　　C.内部语言　　　　　　　　　　　　　　D.自我中心语言

【答案】D。解析:自我中心语言是儿童的一种语言形式,表现为说话时不顾及听者的情况,也不在意别人的谈论,而只是自己对自己说话。

4.(2014年下半年《保教知识与能力》)1.5~2岁儿童使用的句子主要是(   )。

　　A.单词句　　　　　B.电报句　　　　　　C.完整句　　　　　　D.复合句

【答案】B。解析:1.5~2岁儿童开始出现了双词或三词组合在一起的语句。它在表达一个意思时,虽然比单词句明确,但表现形式却是断续、简略的,结构不完整,好像成人所发的电报式文件,故称为"电报句"。

5.(2015年下半年《保教知识与能力》)一名从未见过飞机的幼儿,看到蓝天上飞过的一架飞机说:"看,一只很大的鸟!"从幼儿语言发展的角度来看,这一现象反映的特点是(   )。

A.过渡规范化　　　　B.扩展不足　　　　C.过度泛化　　　　D.电报式言语

【答案】C。解析:幼儿在原有的语词掌握中"飞机"一次都未出现,"鸟"是存在于他的言语理解及掌握范围内的,所以当幼儿遇到与"鸟"相似的物体,统一称为"大鸟"这属于语言使用中的过度泛化。

6.(2016年上半年《保教知识与能力》)1岁半的儿童想给妈妈吃饼干时,会说:"妈妈""饼""吃",并把饼干递过去,这表明该阶段儿童语言发展的一个主要特点是(　　)。

A.电报句　　　　B.完整句　　　　C.单词句　　　　D.简单句

【答案】A。解析:1.5~2岁儿童开始出现了双词或三词组合在一起的语句,称为"电报句"。

7.(2016年上半年《保教知识与能力》)一名4岁幼儿听到教师说"一滴水,不起眼",结果他理解成了"一滴水,肚脐眼"。这一现象主要说明幼儿(　　)。

A.听觉辨别力较弱　　　　　　B.想象力非常丰富

C.语言理解凭借自己的具体经验　　D.理解语言具有随意性

【答案】C。解析:幼儿对句子的理解基于自身经验。

8.(2016年下半年《保教知识与能力》)2~6岁儿童掌握的词汇数量迅速增加,词类范围不断扩大,该时期儿童掌握词汇的先后顺序是(　　)。

A.动词、名词、形容词　　　　　　B.动词、形容词、名词

C.名词、动词、形容词　　　　　　D.形容词、动词、名词

【答案】C。解析:儿童词汇的发展还表现在他们所掌握的词类范围日益扩大。在儿童词汇中,主要是意义比较具体的实词。其中又以名词为最多,其次是动词,再次是形容词,最后才是副词。儿童也逐渐掌握了一些比较抽象、不能单独用于回答问题的虚词。如介词、连词等。

9.(2019年上半年《保教知识与能力》)阳阳一边用积木搭火车,一边小声地说:"我要快点搭,小动物们马上就来坐火车了",这说明幼儿自言自语具有的作用是(　　)。

A.情感表达　　　　　　B.自我反思

C.自我调节　　　　　　D.信息交流

【答案】A。解析:自言自语是幼儿内部言语发展的初级表现形式,是外部言语向内部言语转化的标志。幼儿的自言自语分为游戏性言语和问题性言语。其中,游戏性言语的特点是比较完整,体现了幼儿的想象力和情感投入,可以丰富游戏形式。

10.(2022年上半年《保教知识与能力》)关于幼儿言语的发展顺序,正确的表述是(　　)。

A.言语理解先于言语表达　　　　B.言语表达先于言语理解

C.言语理解与言语表达平行发展　　D.言语理解与言语表达独立发展

【答案】A。解析:幼儿言语发展的顺序是先会听,再会说。

11.(2023年上半年《保教知识与能力》)婴儿说:"妈妈抱""要牛奶""外面玩"等句式,一般被称为(   )。

A.单词句　　　　　B.双词句　　　　　C.简单句　　　　　D.复合句

【答案】B。解析:双词句又称为"电报句",由2个单词组成的不完整句,有时也由3个词组成,一般出现在1岁半至2岁半左右。题干中婴儿的语言均是以两个词的形式出现,如"妈妈抱""要牛奶""外面玩"属于典型的双词电报句。

二、简答题

(2019年下半年《保教知识与能力》)简述幼儿口语表达能力的发展趋势。

【答题要点】

幼儿口语表达能力的发展趋势:

(1)从对话言语逐渐过渡到独自言语。

(2)从情境性言语过渡到连贯性言语。

(3)讲述逻辑性的发展。

(4)掌握言语表情技巧。

▲【国赛链接】

1.(2018年国赛)下列属于幼儿言语理解的过程是(   )。

A.唱歌　　　　　B.练习发声　　　　　C.听故事　　　　　D.玩娃娃家

【答案】C。解析:其余三项为言语的表达。

2.(2018年国赛)幼儿使用的句型中很少出现的是(   )。

A.陈述句　　　　　B.双重否定句　　　　　C.疑问句　　　　　D.否定句

【答案】B。解析:幼儿更多使用简单句和简单的复合句,双重否定句对幼儿来说难度较大。

3.(2018年国赛)中班的小兰在娃娃家中给娃娃穿衣服,自言自语道:这个扣子应该怎么系呢……不对,应该是这样……这是什么……这个胳膊怎么伸进去呢……小兰的这类言语属于(   )。

A.对话言语　　　　　B.连贯言语　　　　　C.游戏言语　　　　　D.问题言语

【答案】D。解析:自言自语是幼儿内部言语发展的初级表现形式,是外部言语向内部言语转化的标志。幼儿的自言自语分为游戏性言语和问题性言语。其中,问题性言语往往在幼儿遇到困难或疑惑时出现,其特点是比较零碎、简短。

4.(2019年国赛)2岁的幼儿说出"骑车"一词时,既可能是体现情感的功能,表示"我喜欢骑车",也可能是表示意动的功能,表示"我想玩骑车",3岁之后,幼儿能把自己的想法准确地表达出来,这反映出幼儿的语法发展是(   )。

A.从混沌一体到逐步分化　　　　　B.从简单到复杂

C.从不完整到完整　　　　　　　　D.从情境性到连贯性

【答案】C。解析:从单词句到完整句的发展,反映幼儿语法发展从不完整到完整。

5.(2019年国赛)关于幼儿语言发展阐述正确的是(　　)。

　　A.从自我中心语言到社会语言　　　B.从社会化语言到自我中心语言

　　C.从内部语言到外部语言　　　　　D.从独自语言到内部语言

【答案】A。解析:皮亚杰根据观察把儿童早期的语言功能分为自我中心语言和社会化语言两大类。皮亚杰发现自我中心语言在儿童早期的语言交际中占有很大比例,幼儿语言发展是从自我中心语言发展到社会化语言的。

6.(2019年国赛)情境言语和连贯言语的主要区别在于(　　)。

　　A.是否完整连贯　　　　　　　　　B.是否反映了完整的思想内容

　　C.是否为双方所共同了解　　　　　D.是否直接依靠具体事物作支柱

【答案】A。解析:情境言语的特点是情境性,连贯言语的特点是连贯性,这一点是两者的关键区别。

7.(2019年国赛)对待3岁前婴儿"口吃"现象,正确的是(　　)。

　　A.这是学话初期常见的正常现象不必紧张

　　B.应强迫孩子再说一遍

　　C.应反复练习加以矫正

　　D.应进行心理治疗

【答案】A。解析:3岁前的婴儿口吃有时候是因为思维发展比较快,语言中枢神经发育慢造成的,有时候表达很慢,但是思维很着急,就容易造成口吃现象。应当放平心态,不给儿童压力,同时为其做好榜样。

【能力拓展】

一、项目名称

学前儿童口语表达能力的观察与评价。

二、目标

能够使用所提供的观察工具对学前儿童的口语表达能力进行观察与评价。

三、知识准备

了解等级评定法。

四、操作指导

(1)学习并熟悉观察指导中的观察要点。

(2)准备材料:观察记录表、录音笔或摄影机。

(3)给学前儿童提供一定的图片材料,或不提供图片材料只限定主题,让学前儿童根据要求围绕主题进行表达。

(4)结合本章知识,记录并分析学前儿童口语表达能力的发展水平及特点。

五、参考资料

(1)学前儿童语言表达观察要点及评价标准。

观察目标	下	中	上
是否能围绕主题	中途跑题	能围绕主题	—
情节	贫乏	较丰富	丰富
语言是否恰当	不恰当	借助于动作	语言恰当
音量	较小	适宜	较大
音调	无变化	有变化	—
语气	不适宜情节或无变化	部分情节有语气变化且适宜	总体适宜
语言完整、流畅	不完整、流畅	较完整、流畅	完整、流畅
态度	胆怯	较大方	大方

(2)学前儿童语言表达的观察记录表。

观察者：		观察日期：	
观察对象：	姓名：	性别：	年龄：
观察目标：			
观察的起止时间：			
环境描述：			
儿童讲述记录：			
结果分析：			
等级评级表			
观察目标	下	中	上
是否能围绕主题	中途跑题	能围绕主题	—
情节	贫乏	较丰富	丰富
语言是否恰当	不恰当	借助于动作	语言恰当
音量	较小	适宜	较大
音调	无变化	有变化	—
语气	不适宜情节或无变化	部分情节有语气变化且适宜	总体适宜
语言完整、流畅	不完整、流畅	较完整、流畅	完整、流畅
态度	胆怯	较大方	大方

(选自《学前儿童心理发展分析与指导》沈雪梅主编)

◇【本章思考与练习】

一、识记知识

(一) 单项选择题

1.消极词汇是指(　　)。

A.能理解却不能正确使用的词　　　　B.能理解又能正确使用的词

C.不能理解又不能正确使用的词　　　D.不能理解但能正确使用的词

2.学前儿童理解言语的能力发展最快的时期是(　　)。

A.0~1岁　　　　B.1~1.5岁　　　　C.1.5~3岁　　　　D.0~7岁

3.在正确的教育下,一般(　　)岁儿童能基本掌握本民族语言的全部语音。

A.3　　　　　　B.4　　　　　　C.5　　　　　　D.6

4.1.5~2岁左右的儿童使用的句子主要是(　　)。

A.单词句　　　　B.电报句　　　　C.完整句　　　　D.复合句

5.对待儿童的自言自语,成人正确的处理方式为(　　)。

A.发展为对话言语　　　　　　　　B.发展为真正的外部言语

C.任其自然发展期　　　　　　　　D.发展为真正的内部言语

6.3~5岁儿童常常自己造词,出现"造词现象",这说明(　　)。

A.儿童词汇贫乏,词义掌握不确切　　B.儿童的词汇量在不断增加

C.儿童的智力发展有了质的飞跃　　　D.儿童的言语表达能力增强

7.幼儿期儿童言语发展的主要任务是(　　)。

A.发展情境言语　　B.发展对话言语　　C.发展书面言语　　D.发展口头言语

8.幼儿期儿童发音的错误大多发生在(　　)。

A.元音　　　　　B.辅音　　　　　C.前鼻音　　　　D.齿音

9.幼儿阶段开始出现书面言语的发展,其书面言语发展的重点是(　　)。

A.识字　　　　　B.写字　　　　　C.阅读　　　　　D.写作

10.3岁前儿童的言语主要是(　　)。

A.连贯言语　　　B.逻辑言语　　　C.情境言语　　　D.复合言语

(二) 简答题

1.言语的作用有哪些?

2.言语和语言的区别与联系是什么?

二、理解知识

1.儿童以"汪汪"代替"那儿有只狗狗""我要去摸狗狗",此时儿童处于哪个阶段?

( )
    A.单词句阶段   B.双词句阶段

    C.简单句阶段   D.复合句阶段

2.幼儿在说"爸爸 马"这句话体现了学前儿童掌握句子的特点是( )。

    A.句子简单   B.句子不完整

    C.词序颠倒   D.语义不清

3.下列活动属于"言语过程"的是( )。

    A.听故事   B.练习打字   C.弹琴   D.练声

4.关于学前儿童言语的发展,正确的表述是( )。

    A.理解语言发生发展在先,语言表达发生发展在后

    B.理解语言和语言表达同时同步产生

    C.语言表达发生发展在先,理解语言发生发展在后

    D.理解语言是在语言表达的基础上产生和发展起来的

5.从言语功能上讲,儿童在幼儿园想妈妈时说"我不哭",这是( )。

    A.调节功能   B.游戏功能   C.交际功能   D.问题功能

6.儿童是在( )过程中逐步掌握语法结构的。

    A.听和说   B.听和模仿   C.想和说   D.听和想

7.儿童习得语言的过程,不仅有个别差异,还有( )差异。

    A.地区   B.民族   C.经济   D.性别

8.幼儿园早期阅读活动向儿童提供的前识字经验的具体内容包括( )。

    A.图书制作的经验   B.理解文字功能、作用的经验

    C.知道书写汉字的工具   D.了解书写的初步规则

9.幼儿园早期阅读活动是有计划、有目的地培养儿童学习( )。

    A.口头语言   B.书面语言

    C.能有序、连贯、清楚地讲述一件事情   D.认真听并能听懂常用语言

10.儿童的语言学习需要相应的( )支持,应通过多种活动扩展言语的内容,增强言语的理解和表达能力。

    A.社会经验   B.指导教育   C.兴趣   D.知识经验

三、简单运用

1.谈谈你对"幼儿已有学习书面言语的可能性"的认识。

2.结合幼儿园实际,如果你是一名幼儿教师,你将如何发展和培养幼儿的倾听与表达能力?

四、综合运用

1.最近,一位母亲来信反映她 4 岁的孩子患口吃至今已整一年了,其表现为一说话便高度紧张,言语断断续续,尤其是在人多的场合更是如此。虽然夫妇俩经常提醒孩子,有时甚至是吓唬、惩罚孩子,但收效甚微。孩子已变得十分沉默、自卑。据这位母亲反映,他们夫妇俩及孩子的直系亲属的言语能力均属正常,孩子的听觉、发音器官及相关的言语系统经医院检查也无异常。这位母亲十分焦虑、苦恼,但不知如何是好。

(1)请你帮这位母亲就其孩子患口吃的原因进行分析。

(2)提出有效的矫治方法。

2.果果现在 8 个月,果果妈妈一直以来很少跟果果进行口头言语的交流。她说:"小孩子主要是吃、喝、拉、撒、睡,只要满足生理需求就行了,跟他说话,他也听不懂,还不如不说呢。"

(1)你赞同果果妈妈的观点吗?

(2)结合心理学知识说说应该怎么做?

3.一个 16 个月的孩子被成人抱着时,着急地往大门的方向挣扎,嘴里叫"zhou zhou(音)"。成人很快就懂得了宝宝的意思,打开门准备往外走(zou),他脸上露出了笑容。

(1)此案例反映出儿童在言语发展中掌握语法时的什么特点?

(2)教师和家长在教育过程中应注意什么?

4.小宝 4 岁多了,他特别喜欢奥特曼。有一天爸爸给小宝买了一个变形奥特曼玩具,他开心地拿到一旁认真研究起来。他边玩边跟自己说个不停:"这手是怎么变出来的呢……哦,我知道了……这奥特曼的头怎么变出来了……不对,应该是这样的……"过了一会儿,奥特曼终于变好了,小宝举起奥特曼又说道:"合体、出击……"

(1)此案例体现了儿童什么样的言语表达形式?

(2)请你结合相关知识,对此案例加以分析。

第九章

学前儿童情绪情感的发展

■ 学习目标

　　1.理解情绪情感的概念、成分、情绪状态分类等基础知识。
　　2.掌握学前儿童情绪情感的发展趋势。
　　3.能够初步运用所学知识促进学前儿童情绪能力的发展。

■ 重点难点

　　重点:理解学前儿童情绪情感的发展趋势。
　　难点:能够初步运用所学知识促进学前儿童情绪能力的发展。

■ 本章导学/含考纲要点简要说明

　　从历年幼儿园教师资格考试真题来看,本章所涉题型包括选择题、简答题和案例分析题,主要围绕学前儿童情绪情感发展的特点、情绪情感发展的指导策略两部分进行命题。其中,以情绪情感发展为依托,融合了家园共育、师幼关系、教师行为适宜性等内容进行综合考查。

■ 本章思维导图

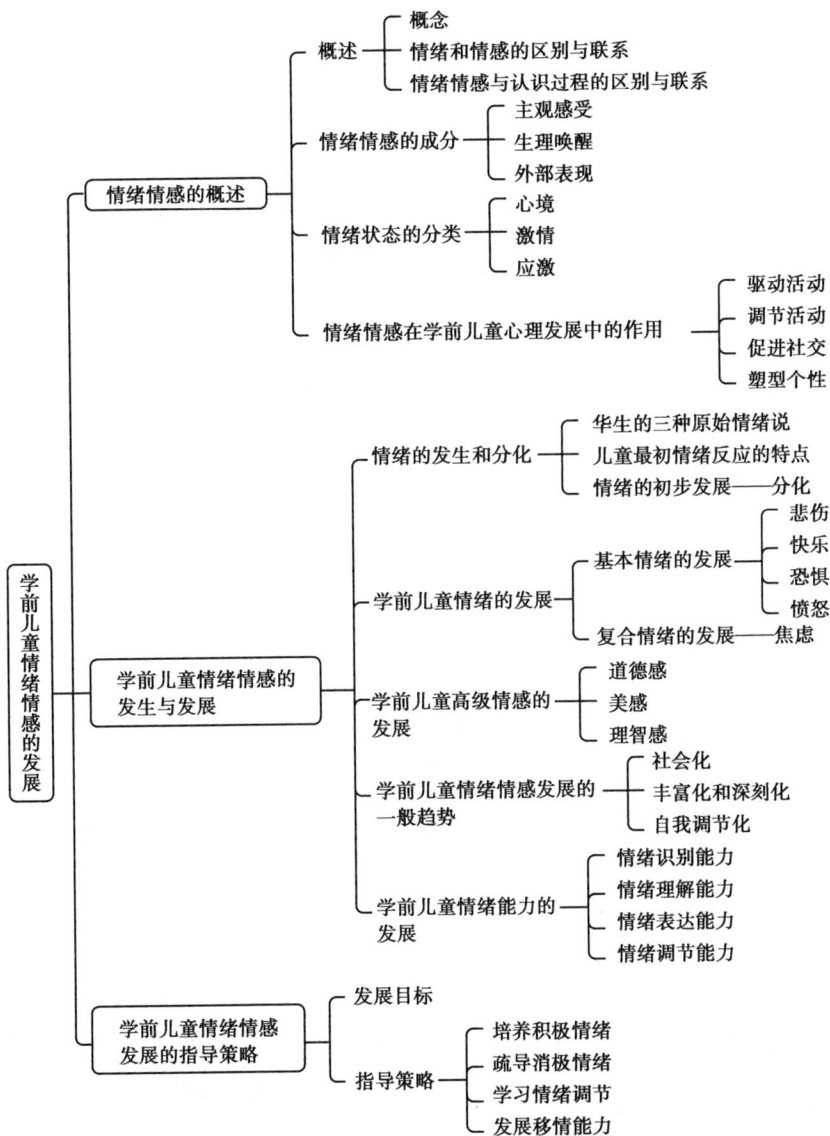

```
                                        ┌─ 概念
                            ┌─ 概述 ─────┼─ 情绪和情感的区别与联系
                            │           └─ 情绪情感与认识过程的区别与联系
                            │                        ┌─ 主观感受
                            │           ┌─ 情绪情感的成分 ─┼─ 生理唤醒
              情绪情感的概述 ─┤           │            └─ 外部表现
                            │           │            ┌─ 心境
                            ├─ 情绪状态的分类 ─────────┼─ 激情
                            │                        └─ 应激
                            │                                    ┌─ 驱动活动
                            └─ 情绪情感在学前儿童心理发展中的作用 ─┼─ 调节活动
                                                                 ├─ 促进社交
                                                                 └─ 塑型个性

                                                    ┌─ 华生的三种原始情绪说
                                    ┌─ 情绪的发生和分化 ─┼─ 儿童最初情绪反应的特点
                                    │                  └─ 情绪的初步发展——分化
                                    │                              ┌─ 悲伤
                                    │                  ┌─ 基本情绪的发展 ─┼─ 快乐
                                    │                  │             ├─ 恐惧
  学前儿童                          ├─ 学前儿童情绪的发展 ─┤             └─ 愤怒
  情绪情感 ─┤                       │                  └─ 复合情绪的发展——焦虑
  的发展    │  学前儿童情绪情感的 ──┤                              ┌─ 道德感
            │  发生与发展           ├─ 学前儿童高级情感的 ──────────┼─ 美感
            │                       │  发展                        └─ 理智感
            │                       │                              ┌─ 社会化
            │                       ├─ 学前儿童情绪情感发展的 ───────┼─ 丰富化和深刻化
            │                       │  一般趋势                     └─ 自我调节化
            │                       │                              ┌─ 情绪识别能力
            │                       └─ 学前儿童情绪能力的 ──────────┼─ 情绪理解能力
            │                          发展                        ├─ 情绪表达能力
            │                                                      └─ 情绪调节能力
            │
            │                       ┌─ 发展目标
            └─ 学前儿童情绪情感 ─────┤                              ┌─ 培养积极情绪
               发展的指导策略        └─ 指导策略 ──────────────────┼─ 疏导消极情绪
                                                                  ├─ 学习情绪调节
                                                                  └─ 发展移情能力
```

知识要点解析

一、情绪情感的概述

（一）概述

1.情绪情感的概念

情绪情感是人对客观事物是否符合自身需要而产生的主观体验。

（1）客观事物是情绪情感产生的源泉。

（2）情绪情感反映的是客观事物与需要之间的关系。

（3）需要能否被客观事物满足引发或积极或消极的主观体验。

2.情绪和情感的区别与联系

关系		情绪	情感
区别	发生过程	较早	较晚
	稳定程度	情境性、暂时性	稳定性、深刻性、持久性
	表现形式	外显	内隐
	从需要的角度看	较多与生理性需要相联系	较多与社会性需要相联系
联系	情感是在情绪基础上形成的,同时又通过情绪表现出来。		
	情绪受情感的制约和调节。		

3.情绪情感与认识过程的关系

关系		情绪情感过程	认识过程
区别	反映内容	反映主客体之间的需求关系	反映客观事物本身的属性
联系	认识过程是产生情绪情感的前提和基础。		

（二）情绪情感的成分

情绪情感是由主观体验、生理唤醒和外部表现三个成分组成的。

成分名称	概念
主观体验	个体对不同情绪和情感状态的自我感受。

续表

成分名称	概念
生理唤醒	指伴随情绪与情感发生的生理反应,涉及一系列生理活动过程。不同情绪、情感的生理反应模式是不一样的。
外部表现	即表情,包括面部表情、体势表情、言语表情三类。

（三）情绪状态的分类

分类依据	分类	概念
按情绪发生的速度、强度和持续时间的长短分	心境	一种微弱、持久又具有弥漫性的情绪体验的状态,又叫心情。
	激情	一种强烈的、爆发式的、持续时间较短的情绪状态。
	应激	在出现意外事件或遇到危险情境时出现的高度紧张的情绪状态。

（四）情绪情感在学前儿童心理发展中的作用

（1）驱动活动:情绪情感是学前儿童心理活动和行为的激发者。

（2）调节活动:情绪情感推动、组织学前儿童的认知活动。

（3）促进社交:情绪情感是学前儿童人际交往的重要手段。

（4）塑型个性:情绪情感影响学前儿童个性形成。

二、学前儿童情绪情感的发生与发展

（一）情绪的发生和分化

1.华生的三种原始情绪说

华生认为新生儿的情绪是一种遗传的"反应模式",有三种基本情绪反应的类型——恐惧、愤怒和爱。

2.儿童最初情绪反应的特点

（1）情绪是儿童与生俱来的遗传本能,具有先天性。

（2）与生理需要是否得到满足直接相关。

3.情绪的初步发展——分化

（1）观点:儿童情绪在初生时原始情绪反应的基础上、在成熟和后天环境的作用下,不断分化并获得初步发展。

（2）情绪分化理论,如下表所示。

年龄段	立场	学者	主要观点
新生儿	不分化	布里奇斯	只有未分化的一般性的激动。
	分化	华生	有三种基本情绪——恐惧、愤怒和爱。
		林传鼎	有两种完全可以分辨得清的情绪反应——愉快、不愉快。
		孟昭兰	有八种基本情绪——愉快、兴趣、惊奇、厌恶、痛苦、愤怒、恐惧、悲伤。
		伊扎德	有五种基本情绪——惊奇、痛苦、厌恶、初步的微笑和兴趣。
婴儿	高度分化	布里奇斯	3个月后开始逐渐分化。
		林传鼎	3月末,发展到六种;2岁,有二十多种情绪反应。
		伊扎德	情绪具有动力性;情绪的分化是生命进程的产物,促使情绪具有了适应功能。

（二）学前儿童情绪的发展

1.基本情绪的发展

（1）悲伤的发展:

①悲伤的第一个表现形式是啼哭,也是新生儿与外界沟通的第一种方式。

②3~4周的新生儿啼哭便有明显分化。

③啼哭具有明显的个别差异和性别差异。

④随着儿童年龄的增长,啼哭不断减少。

（2）快乐的发展:

按刺激来源分类	按性质分类		发生年龄	成因及特点
内源性微笑	自发性的笑		0~5周	是生理反应,具有自发性和反射性。常在睡着时出现,不具有明显的感情意义。
外源性微笑	反射性的诱发笑		3周开始	触觉的、听觉的、视觉的刺激,如温柔触碰婴儿脸颊、人声,发生在清醒时间。
	社会性地诱发笑	无差别	5周开始	不区分特殊个体,对人声、人脸、互动等社会性刺激报以微笑。
		有差别	4个月开始	对熟悉的人微笑。

（3）恐惧的发展阶段：

发展阶段	年龄段
本能的恐惧	出生
与知觉和经验相联系的恐惧	4个月
怕生	6个月
预测性恐惧	2岁

（4）愤怒。愤怒是一种激活水平很高的爆发式负面情绪。婴儿的愤怒常产生于身体活动受限；对于较大年龄的儿童，不良的人际关系体验会导致愤怒。

2.复合情绪的发展特点——焦虑

复合情绪由基本情绪的不同组合派生而来，焦虑便是其中一种。

（1）概念：焦虑是一种朦胧的、游移的、不确定的心神不宁，是由恐惧、内疚、痛苦和愤怒组合起来的复合情绪。

（2）婴幼儿常见的焦虑情绪如下表所示。

名称	概念
陌生人焦虑	对陌生人的警觉反应。
分离焦虑	婴幼儿与其依恋对象分离时产生的一种消极情绪。

【职场链接】

如何应对新入园儿童的分离焦虑？如何缓解儿童的陌生人焦虑？

（三）学前儿童高级情感的发展

类别	概念		发展特点
道德感	由自己或别人的行为举止是否符合道德标准而引起的情感。	小班	1.指向个别行为。 2.由成人评价引起。
		中班	1.比较明显地掌握了一些概括化的道德标准。 2.会因为遵守要求而产生快感。 3.开始关心别人的行为是否符合道德标准，并产生相应的情感。
		大班	对好坏有鲜明的不同情感。 能进行较为稳定的道德判断。

续表

类别	概念	发展特点
美感	人对事物审美的体验,是根据一定的美的评价而产生的。	1.审美体验和标准逐步发展。 2.偏好鲜艳悦目的东西和整齐清洁的环境。
理智感	由于是否满足认识的需要而产生的体验,是人特有的高级情感。	1.儿童5岁左右明显发展起来,突出表现在喜欢提问,并由于提问和得到满意回答而感到愉快。 2.喜爱各种智力游戏。

(四)学前儿童情绪情感发展的一般趋势

发展趋势		表现
社会化		情绪中社会性交往的成分不断增加
		引起情绪反应的社会性动因不断增加
		表情的社会化
丰富化和深刻化	丰富化	情绪情感过程越来越分化
		情感指向的事物不断增加
	深刻化	情感指向事物的性质由表面到内在
自我调节化		情绪的冲动性逐渐减少
		情绪的稳定性逐渐提高
		情绪情感从外显到内隐

(五)学前儿童情绪能力的发展

学前儿童情绪能力,即学前儿童识别、理解、表达和调节自己及他人情绪的能力。

1.情绪识别能力

(1)概念:儿童具有借助环境中他人或自己言语的、非言语的信息识别不同情绪的能力。

(2)发展规律:

①婴儿的面部表情很大程度是反射性的。随着年龄的增长,婴儿的表情日益丰富,并具有很强的适应功能。

②婴儿表情的社会化是学前儿童最重要的发展,集中表现在对成人尤其是照看者表情的呼应上。

(3)情绪的社会性参照:

①概念:在婴儿发展的特定时期发生的人际情绪的交流和他人情绪信息的利用,是在一种特定情境中发生的特定情绪交流模式。它包含了婴儿对他人情绪的分辨和如何

利用这些情绪信息来指导自己的行为。

②发展的四个水平：

水平1：无面部知觉（0~2个月）；

水平2：不具备情绪理解的面部知觉（2~5个月）；

水平3：对表情意义的情绪反应（5~7个月）；

水平4：在因果关系参照中运用表情信号（7或8个月到10个月）。

2.情绪理解能力

（1）概念：情绪理解能力是能有意识地去了解自己、他人或环境中产生情绪的原因以及对此原因产生想法的能力。

（2）发展规律：

①2~3岁儿童能认识到情绪与愿望满足的关系。

②4~5岁儿童能认识到情绪与信念、期望的关系，亦能正确判断各种基本情绪产生的外部原因。

③虽然儿童发展了情绪理解能力，但受认知水平限制，他们只能注意一种突出的情绪信息，只能根据别人的表情、外显行为去理解。故而儿童很难相信一个人同时有两种不同情绪。

（3）移情：

①概念：当一个人感知到对方的某种情绪时，他自己也能体验到相应的情绪。

②移情发展的四个阶段：整体移情—自我中心移情—开始分化—修正目标。

3.情绪表达能力

（1）概念：儿童处于某种情绪状态时，在生理上、心理上及外显行为上的表现。

（2）发展规律：

①出生后1~2个月，儿童开始表现出悲伤、开心等基本情绪，到1岁时，儿童能够完整认识基本情绪。

②快到2岁时，儿童开始表现出更加复杂的情绪，比如尴尬、内疚等。

③3岁儿童的情绪体验更多涉及自我意识情绪，尤其与父母等人外在的评价密切相关。

④5岁以后，儿童对社会准则和行为标准有了越来越清晰的认识。此时，外在的道德标准会影响他们内在的情绪体验。

⑤情绪表达具有个体差异性，也与儿童的气质类型有关。

4.情绪调节能力

（1）概念：儿童通过内在或外在的方式尝试缓冲、改变自己情绪的一种能力。

（2）发展规律：

①2岁前的儿童的情绪调控能力很有限，当情绪发作时，需要成人及时照应。

②2岁儿童已经能表达情绪感受，并学会采用一定的方式来控制情绪。

③3岁儿童开始运用有控制的表情来表达快乐、惊讶等情绪。

④3~4岁儿童能够运用口语表达的方式和各种策略来调节自己的情绪。

（3）情绪自我调节策略：儿童使用最多的是建构性策略，其次是回避性或情绪释放策略，最后是破坏性策略。

三、学前儿童情绪情感发展的指导策略

发展目标	指导策略
培养积极情绪	1.创设宽松愉快的生活氛围和精神环境 2.提供良好的情绪示范 3.通过游戏丰富学前儿童的情绪体验 4.通过文学艺术作品培养学前儿童的高级情感 5.引导学前儿童认识自己和他人的情感
疏导消极情绪	1.正确对待儿童的消极情绪 2.不要给学前儿童造成过重的压力 3.帮助学前儿童控制情绪
学习情绪调节	1.对于低龄儿童，从外部途径，即成人帮助他调节情绪，主要方法有转移法、冷却法、消退法等 2.从内部途径培养学前儿童的自我调节能力，主要有以下几个方面： （1）成人应树立良好控制情绪的典范 （2）成人要敏感于学前儿童的情绪反应 （3）成人要多与学前儿童谈论情绪感受，并指导其宣泄情绪、形成新的认知、学会符合规范的情绪表达方式
发展移情能力	移情训练： 1.讲故事、听故事 2.引导理解，即帮助学前儿童增强对情境信号的识别能力 3.角色扮演

▲【真题链接】

一、单项选择题

1.（2013年上半年《保教知识与能力》）下列哪种方法不利于缓解或调整幼儿激动的情绪？（　　）

A.安抚　　　　　　B.转移注意力　　　　C.冷处理　　　　　　D.斥责

【答案】D。解析：略。

2.（2013年下半年《保教知识与能力》）中班幼儿告状现象频繁，这主要是因为幼儿（　　）。

A.道德感的发展　　　　　　　　　B.羞愧感的发展

C.美感的发展　　　　　　　　　　D.理智感的发展

【答案】A。解析:告状行为是指幼儿根据一定的道德标准对他人的行为进行评价,属于道德感的发展。

3.(2014年上半年《保教知识与能力》)在婴儿表现出明显的分离焦虑对象时,表明婴儿已获得( )。

  A.条件反射观念   B.母亲观念

  C.积极情绪观念   D.客体永久性观念

【答案】B。解析:分离焦虑是孩子离开母亲时出现的一种消极的情绪体验。条件反射是婴儿最基本的学习方式。研究表明,新生儿出生数天后就能建立起条件反射。

4.(2015年上半年《保教知识与能力》)幼儿看见同伴欺负别人会生气,看见同伴帮助别人会赞同,这种体验是( )。

  A.理智感   B.道德感   C.美感   D.自主感

【答案】B。解析:这一时期的幼儿掌握了一些概括化的道德标准,开始把自己或别人与规则相联系,会主动产生某种道德体验。

5.(2016年上半年《保教知识与能力》)在商场,4~5岁幼儿看到自己喜爱的玩具,已不像2~3岁时那样吵着要买,他能听从成人的要求并用语言安慰自己:“家里许多玩具了,我不买了。”对以上现象合理的解释是( )。

  A.4~5岁幼儿形成了节约的概念

  B.4~5岁幼儿的情绪控制能力进一步发展

  C.4~5岁幼儿能理解玩其他玩具同样快乐

  D.4~5岁幼儿自我安慰的手段有了进一步发展

【答案】B。解析:4~5岁幼儿的情绪调节进一步发展,能够在成人的指导下调节自己的情绪,案例中的幼儿能够在成人的引导下运用自我说服法进行情绪调节。

6.(2017年上半年《保教知识与能力》)初入幼儿园的幼儿常常有哭闹、不安等不快的情绪,说明这些幼儿表现出了( )。

  A.回避型状态   B.抗拒性格   C.分离焦虑   D.黏液质气质

【答案】C。解析:初入园幼儿因面临离开亲人、独自面对陌生的环境和陌生人时会产生焦虑、恐惧而表现出来的哭闹、不安、拒绝进食等现象称为分离焦虑。

7.(2018年上半年《保教知识与能力》)下列哪一个选项不是婴儿期出现的基本情绪体验( )。

  A.羞愧   B.伤心   C.害怕   D.生气

【答案】A。解析:羞愧不是基本情绪。

8.(2018年下半年《保教知识与能力》)婴儿出生6~10周后,人脸可以引发其微笑,这种微笑称为( )。

  A.生理性微笑   B.自然微笑   C.社会性微笑   D.本能微笑

【答案】C。解析:5周以后,人脸、人声最容易引起婴儿的微笑,属于社会性微笑。

9.(2019年下半年《保教知识与能力》)有时一名幼儿哭会惹得周围的幼儿跟着一起哭,这表明幼儿的情绪具有( )。

  A.冲动性   B.易感染性   C.外露型   D.不稳定性

【答案】B。解析:儿童情绪的易受感染与暗示有关,这些现象在小班中较为明显。幼儿晚期,儿童情感的稳定性会逐渐增强,但仍受家长和教师的感染。

10.(2022年上半年《保教知识与能力》)与婴儿最初的情绪反应相关联的是(　　)。

A.生理的需要　　　　　　　　　　B.归属和爱的需要

C.尊重的需要　　　　　　　　　　D.自我实现的需要

【答案】A。解析:略。

二、简答题

(2018年上半年《保教知识与能力》)婴幼儿调节负面情绪的主要策略有哪些?

【答题要点】

《指南》中提出应"帮助幼儿学会恰当表达和调控情绪"。面对负面情绪,可使用的策略有:

(1)转移法。当婴幼儿出现消极情绪时,我们可以用一些新颖的玩具、有趣的游戏活动吸引他们的注意力。这种方法对年龄越小的婴幼儿越有效,例如刚进幼儿园的小班幼儿在家长离开的时候哭闹,教师可以用新颖的玩具逗引幼儿,让他们从不良情绪中转移注意力到玩具上。

(2)冷却法。婴幼儿的情绪比较冲动,有时没有满足其要求就会发脾气或大哭大闹。这时候大人可以不予理睬,离开现场一小会儿,等婴幼儿哭闹停止后,再进行安慰,这样婴幼儿以后就会逐渐减少用哭闹的方法获得成人的妥协。

(3)活动参与法。参与活动是缓解婴幼儿消极情绪的有效方法,因为身体能量的释放可以有效地缓解婴幼儿的心理压力和不快情绪。另外,身体的兴奋可以带动心理的兴奋,使婴幼儿的情绪恢复轻松愉快的状态。

(4)宣泄法。婴幼儿情绪的自然流露应该得到大人的鼓励。例如婴幼儿伤心时,大人应该鼓励他大声地哭出来,发脾气、反抗行为、哭泣比默默承受更有利于婴幼儿身心的健康发展。

如果婴幼儿的情绪长期受到压抑,最终会导致心理失衡,造成人格方面的病态发展。所以,大人要允许婴幼儿适度地宣泄自己的情绪。

(5)考虑幼儿的需要。消极情绪的出现大多源于需要未被满足。教育者应了解婴幼儿情绪的起因,视情况满足幼儿的合理需要。

(6)教会婴幼儿调节情绪。对年龄稍大的幼儿,可以通过讨论情绪、阅读主题绘本等方式引导其逐渐学会情绪管理和情绪控制。

三、材料分析题

1.(2013年下半年《保教知识与能力》)下周一要开展手工活动,张老师要求家长给幼儿园准备废旧材料。周一那天,只有苗苗没带材料来,张老师就不让她参加活动。苗苗站在一旁,看同伴活动,情绪很低落,一天都很少说话。回家后,苗苗冲爸爸大发脾气……

问题:(1)你认为张老师的做法适宜吗? 为什么?

(2)你觉得张老师应该怎样做?

【答题要点】

（1）不适宜，原因如下：

①幼儿是教育的主体，教师没有权利不让幼儿参与活动。

②教育的公平性，所有幼儿的教育权都是平等的，不能因为没有带材料，就不让其参与活动。

③教育方式粗暴，极易伤害幼儿的自尊心，致使幼儿出现较大的情绪波动，通过消极情绪进行抗议。

（2）正确做法：

①打电话让家长送，多提醒家长。

②问谁愿意同苗苗一起分享材料，并及时肯定幼儿的行为。

③让她当老师的小帮手。

④告诉她下一次一定要记住。

⑤可以回家做好明天带来。

2.（2014年上半年《保教知识与能力》）星期一，已经上小班的松松在午睡时一直哭泣，嘴里还一直唠叨，说："我要打电话给爸爸，让他来接我，我要回家。"老师多次安慰他，他还一直哭。老师生气地说："你再哭，爸爸就不来接你了。"松松听后情绪更加激动，哭得更厉害了。

问题：简述上述老师的行为，并提出三种帮助幼儿控制情绪的有效方法。

【答题要点】

这位老师做法欠妥，她的做法其实就是一种负面的情绪教育——"以暴制暴"。正确做法应为：采取积极的教育态度，找到幼儿情绪激动的真正原因，寻找其情绪背后的需求和想法；及时安慰；引导幼儿宣泄负面情绪，提供"心理玩具"，提供缓解情绪的物品；"故事知道怎么办"（给幼儿讲有治疗作用的故事）。具体方法有转移法、冷却法、消退法等。

3.（2015年下半年《保教知识与能力》）小班入园的第二周，王老师发现小雅在餐点与运动后，仍会哭要找妈妈。老师抱她，感觉她身体绷得紧，问她要不要去小便，她摇头。老师又问："要不要去大便?"她点头。老师牵她到卫生间，她只拉了一点就离开了。过一会儿，她又哭了。老师给她新玩具，她玩游戏，但她的情绪还是不好。离园时，老师与她妈妈约谈，了解到小雅在幼儿园拉不出大便。

第二天早操后，小雅又哭了，老师蹲下轻声问："小雅是想上厕所了吗?"她点头。老师带她上厕所，她又只拉一点就站起。"老师陪你多蹲一会儿，把大便都拉出来，好吗?"小雅又蹲下，但频频回头。这时，自动冲厕水箱的水"哗"的一声冲出，小雅"哇哇"大哭，扑到老师身上，老师紧紧地抱住她，轻柔地说："老师抱着你，好吗?"老师将水龙头关小，将小雅抱到离冲水口远一点的位置蹲下，小雅顺利拉完大便。持续一段时间后，老师们轮流陪小雅上厕所，并且给予指导和观察小雅的如厕情况，让小雅学会如何使用厕所的冲水装置。小雅开始适应幼儿园的厕所，露出了久违的笑容。

问题：请分析上述材料中教师的适宜行为。

【答题要点】

《纲要》提出"教师应成为幼儿学习活动的支持者、合作者、引导者"。材料中教师的行为贯彻了《纲要》对教师角色的要求：

（1）以关怀、接纳、尊重的态度和幼儿交往，及时关注幼儿的特殊需要。

（2）重视家庭的作用，与家庭密切配合促进幼儿的健康发展。

（3）关注幼儿在活动中的表现与反应，敏感地觉察他们的情绪，以适当的方式加以疏导。

4.（2016年上半年《保教知识与能力》）3岁的阳阳，从小跟奶奶生活在一起。上幼儿园时，奶奶每次送他到幼儿园准备离开时，阳阳总是又哭又闹。当奶奶的身影消失后，阳阳很快就平静下来，并能与小朋友们高兴地玩耍。由于担心阳阳，奶奶每次走后又折回来，阳阳再次看到奶奶时，又立刻抓住奶奶的手，哭泣起来……

问题：针对上述现象，请结合材料进行分析。

（1）阳阳的行为反映了幼儿情绪的哪些特点？

（2）阳阳奶奶的担心是否有必要？教师应如何引导？

【答题要点】

（1）从幼儿情绪和情感的进行过程看，幼儿情绪和情感的发展具有三个主要特点：情绪和情感的不稳定；情感比较外露；情绪极易冲动。

（2）

①奶奶没有必要担心阳阳的情绪，这是这一阶段幼儿情绪特点的体现。

②教师应引导幼儿培养良好的情绪：

a.营造良好的情绪环境，保持和谐的气氛，并建立良好的亲子情和师生情。

b.成人的情绪控制。

c.采取积极的教育态度：肯定为主，多鼓励进步；耐心倾听幼儿说话；正确运用暗示和强化。

d.帮助幼儿控制情绪：转移法、冷却法、消退法。

e.教会幼儿调节自己的情绪。

5.（2018年上半年《保教知识与能力》）李老师第一次带班，她发现中班幼儿比小班幼儿更喜欢告状，在教研活动时，大班教师告诉她中班幼儿确实更喜欢告状，但到了大班，告状行为就会明显减少。

（1）请分析中班幼儿喜欢告状的可能原因。

（2）请分析大班幼儿行为告状减少的可能原因。

【答题要点】

（1）中班幼儿出于道德感发展、希望引起教师关注、语言发展不完善、独立解决问题的能力较差等原因，经常出现告状行为。

①道德感是幼儿评价自己或其他幼儿的行为是否符合社会道德标准时所产生的内心体验，幼儿告状行为最主要的原因即中班幼儿道德感发展，具体原因分析如下：中班幼儿已比较明显地掌握了一些概括化的道德标准，中班幼儿会因为自己在活动中遵守老师的要求而产生快乐。此阶段幼儿关心自己的行为是否符合道德标准，同时也开始关注其他幼儿的行为是否符合道德标准，并由此产生相应的情感。当幼儿认为同伴的行为不符合道德标准时，即会出现材料中所述的告状行为。

②中班幼儿爱告状也有可能是为了引起教师的关注，吸引教师的注意力。在幼儿园里，幼儿向教师传达信息的渠道，一般都是告状，从而在告状中引起教师的注意，表达他

们的想法,或间接和直接地想要的某种结果。

③中班幼儿的年龄大多在4~5岁,此时他们的思维具有自我中心化的特点,在考虑问题时总是先考虑自己的感受,维护自己的利益,不能理解别人的心情,遇到事情不能清楚地表达自己的想法,友好地和同伴讲话,解决他们之间的矛盾,往往通过告状来解决问题。

(2)大班幼儿告状行为减少,有如下三方面原因:

①大班幼儿的道德感有了进一步发展和复杂化,他们对好与坏、好人与坏人,有鲜明的不同感情。在这个年龄,爱小朋友、爱集体等情感,已经有了一定的稳定性。所以相比小、中班幼儿,大班幼儿的告状行为有所减少。

②幼儿的羞愧感或内疚感也开始发展,特别是幼儿中期愧疚感开始明显发展,幼儿对自己出现的错误行为会感到羞愧,致使告状行为有所减少。

③大班幼儿的独立性有所发展,不再单纯地依赖教师解决问题,而是能够和同伴相互协商解决问题。综上所述,教师可以通过游戏和日常生活培养幼儿对是非的判断能力和评价能力,提高幼儿独立处理问题的能力,使他们的独立性不断增强,减少幼儿的违纪行为,各种告状行为自然就减少了。

▲【国赛链接】

1.(2019年国赛)当孩子情绪十分激动又哭又闹时,有经验的幼儿园老师常常采取暂时置之不理的办法,结果孩子自己会慢慢停止哭喊。这种帮助孩子控制情绪的方法是( )。

A.消退法　　　　B.冷却法　　　　C.转移法　　　　D.自我说服法

【答案】B。解析:冷却法即在幼儿情绪激动时,采取置之不理的办法,幼儿将会逐渐平静下来。

2.(2018年国赛)婴幼儿喜欢成人接触、抚爱,这种情绪反应的动因是为满足儿童的( )。

A.生理的需要　　B.情绪表达性需要　C.社会性需要　　D.自我调节性需要

【答案】C。解析:情绪动因分为生理需要和社会性需要,与人接触带来的愉悦体验,满足了婴幼儿归属与爱这一社会性需要。

3.(2018年国赛)红红3岁,喜欢的小鸭子玩具碎了,她就伤心地哭起来,妈妈给她一块巧克力,她就又笑了;看见小朋友哭了,她也跟着哭起来。关于幼儿情绪,下列说法错误的是( )。

A.幼儿情绪很容易转化　　　　　　B.幼儿情绪易受感染

C.幼儿情绪比较稳定　　　　　　　D.幼儿情绪比较外露

【答案】C。解析:案例所述情况体现了情绪不稳定。

4.曼曼摔了一跤,大哭了起来。这时妈妈拿来了她最喜欢的玩具给她,曼曼便"破涕为笑"了。这体现了幼儿情绪的( )特点。

A.易冲动性　　B.不稳定性　　C.不具备高级情感　D.外露性

【答案】B。解析:幼儿情绪的不稳定性表现在情绪随着情境的出现而出现,亦会随着情境的消失而消失。

5.(2018年国赛)幼儿看到绘本中"邪恶的大灰狼",常会把大灰狼给抠掉,这说明幼儿情绪的(　　)。

　　A.稳定性　　　　　　B.丰富化　　　　　　C.冲动性　　　　　　D.深刻化

【答案】C。解析:幼儿情绪的冲动性表现在用过激的言行表达自己的感受。

6.(2018年国赛)有差别的微笑的出现是(　　)发生的标志。

　　A.最初诱发性微笑　　　　　　　　　B.最初社会性微笑

　　C.最初生理性微笑　　　　　　　　　D.最初自发性微笑

【答案】B。解析:幼儿对不同的人表现出有差别的微笑,这是社会性微笑。

7.(2019年国赛)老师在给幼儿讲故事时,桐桐听着听着突然笑出声来,旁边的几个小朋友看了看桐桐,也跟着笑了起来,这一现象反映出幼儿的情绪具有(　　)。

　　A.社会性　　　　　　B.冲动性　　　　　　C.传染性　　　　　　D.深刻性

【答案】C。解析:幼儿情绪的易受感染表现在容易受到同伴及成人的影响。

8.(2019年国赛)"你是小超人,是小男子汉,超人是不会哭的呦!"是家长、教师等对儿童自我情绪控制的有效(　　)。

　　A.鼓励　　　　　　　B.转移　　　　　　　C.暗示　　　　　　　D.控制

【答案】C。解析:引导儿童以崇拜的偶像自居,以此进行积极的心理暗示。

【能力拓展】

一、项目名称

教师效能感训练。

二、目标

掌握共情式沟通的实用工具——"我信息"。

三、知识准备

"你信息"与"我信息"的对比。

你信息	我信息
概念: "你信息"一般是以"你……"开头的表达方式,通常是给他人的建议或忠告。 使用场景: "你信息"通常会在命令、威胁、利诱、说教、说理、讲逻辑、提出解决办法、忠告、批评、责备、称赞、同意、骂人、确认、分析、质问、试探、开玩笑、讽刺时用。 后果: "你信息"可能给儿童造成自尊心的伤害,引起不服、反抗等情绪,让儿童没面子,产生罪恶感、内疚感,或者感受到被否定、被指使、被安排、被要求,做事被动。	概念: "我信息"则是以"我……"开头的表达方式,在既不伤害别人的情况下,又可以清晰明了地表达自己的想法和感受。 使用场景: "我信息"是真实地表达自己的感觉与经验,不对儿童作评价。"我信息"通常只表达自己的现状及需要。 后果: "我信息"让儿童了解你的心情、感觉,儿童会自动改变,以帮助你调节情绪,没有伤害性,常常使用"我信息",会激发儿童的兴趣,让他拥有良知。

四、操作指导

陈述事实—说出感受—澄清需求—提出请求。

◇【本章思考与练习】

一、识记知识

(一)单项选择题

1.(　　)是根据一定的道德标准对别人或自己的行为进行道德评价时所产生的情感体验,它是人所特有的一种高级情感。

　A.理智感　　　　B.道德感　　　　C.美感　　　　D.幽默感

2.情绪与情感反映的是客观事物与(　　)间关系的体验。

　A.认识　　　　B.现实　　　　C.个人　　　　D.动机

3.(　　)新生儿与外界沟通的第一种方式,具有重要的生理价值。

　A.焦虑　　　　B.啼哭　　　　C.微笑　　　　D.愤怒

4.(　　)是情绪的外部表现,是人与人之间进行信息交流的重要工具之一。

　A.表情　　　　B.移情　　　　C.掩蔽　　　　D.幽默感

5.从发生的过程来看,(　　)发生较早。

　A.情绪　　　　B.情感　　　　C.啼哭　　　　D.焦虑

(二)简答题

1.简述情绪和情感的关系。

2.简述幼儿情绪情感的发展趋势。

二、理解知识

1.让幼儿园的孩子学会早上入园时跟老师说"早上好",下午离园时说"再见"。结果许多孩子先学会说"再见",而"早上好"则较晚才学会,其重要原因是孩子早上不愿和父母分离。这表明(　　)。

　A.情绪对认知发展的作用　　　　B.情绪的动机作用

　C.情绪是人际交往的重要手段　　　D.情绪对儿童性格形成的作用

2.童童看见小青违反规则很不满,看见小敏遵守规则很赞同,体现了童童的(　　)。

　A.理智感　　　B.道德感　　　C.美感　　　D.同情感

3.杜甫诗句"感时花溅泪,恨别鸟惊心"描写了当时诗人悲伤的(　　)。

　A.激情　　　　B.心境　　　　C.应激　　　　D.眼泪

三、简单运用

试述家长和老师如何帮助刚入园幼儿减轻分离焦虑。

四、综合运用

4 岁的成成上床睡觉前非要吃糖不可,妈妈一个劲儿地向他解释睡觉前不能吃糖的道理,成成就是不听。妈妈生气地说:"再哭,我打你。"成成不但没有停止哭闹,反而情绪更加激动,干脆在床上打起滚来。请运用有关幼儿情绪的理论,谈谈成成为什么会这样,成人应如何引导幼儿的良好情绪。

第十章

学前儿童意志的发展

■ 学习目标

1.了解意志的概念及品质,掌握学前儿童意志发展的特点与规律。

2.关注学前儿童意志的发展,能够发挥一日生活的育人作用,促进学前儿童积极意志品质的形成。

■ 重点难点

重点:掌握学前儿童意志发展的特点与规律。

难点:理解学前儿童意志品质,促进学前儿童意志品质的形成。

■ 本章导学/含考纲要点简要说明

本章讲述学前儿童意志发展的年龄特征。从历年幼儿园教师资格考试真题来看,本章所涉及的题型主要是选择题,较少涉及简答题和案例分析题。选择题主要围绕学前儿童意志品质的发展和情绪、行为控制进行考查。因此,在学习本章内容时,一方面,要重点识记意志的概念、意志品质,以及学前儿童意志发展的特点;另一方面,要注意与其他章节之间的相互联系,从整体上把握学前儿童意志发展的特点与规律。

■ **本章思维导图**

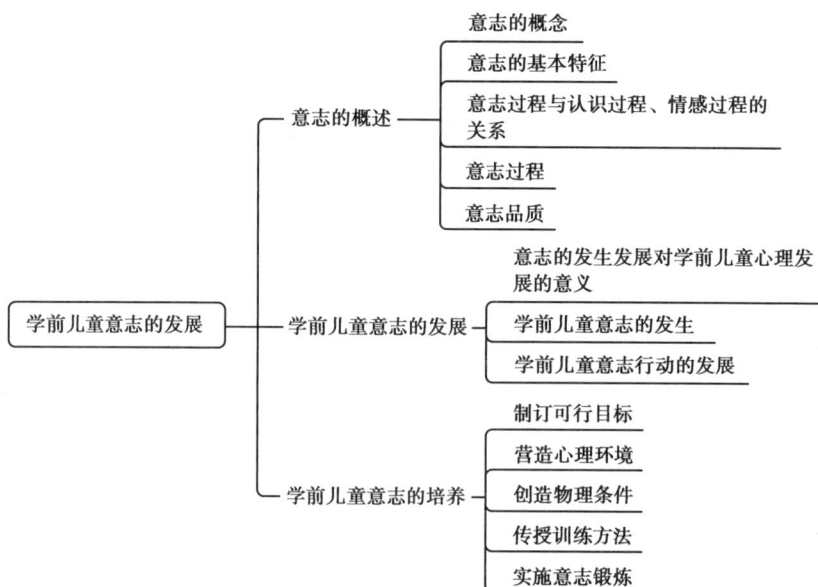

```
                              意志的概念
                              意志的基本特征
                意志的概述 ──  意志过程与认识过程、情感过程的
                              关系
                              意志过程
                              意志品质

                              意志的发生发展对学前儿童心理发
                              展的意义
学前儿童意志的发展 ──  学前儿童意志的发展 ──  学前儿童意志的发生
                              学前儿童意志行动的发展

                              制订可行目标
                              营造心理环境
                学前儿童意志的培养 ──  创造物理条件
                              传授训练方法
                              实施意志锻炼
```

知识要点解析

一、意志的概述

（一）意志的概念

意志是自觉地确定目的，并根据目的支配调节自己的行为，克服各种困难，从而实现目的的心理过程。

（二）意志的基本特征

（1）具有明确的目的性。

（2）以随意活动为基础。

（3）与克服困难相联系。

（三）意志过程与认识过程、情感过程的关系

（1）意志过程与认识过程有着密切的联系。

（2）意志过程与情绪过程也有密切的联系。

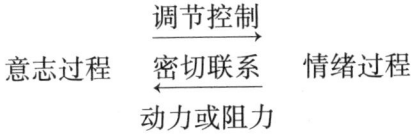

总之，认识过程、情绪过程和意志过程是密切联系的。意志过程包含着认识和情感的成分，认识过程和情感过程也包含着意志的成分。

（四）意志过程（意志行动）

1.意志过程的两个阶段

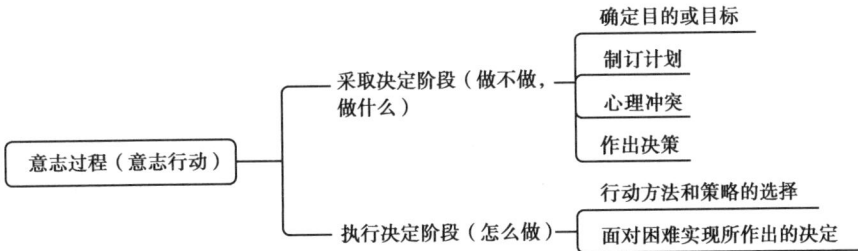

2.动机冲突

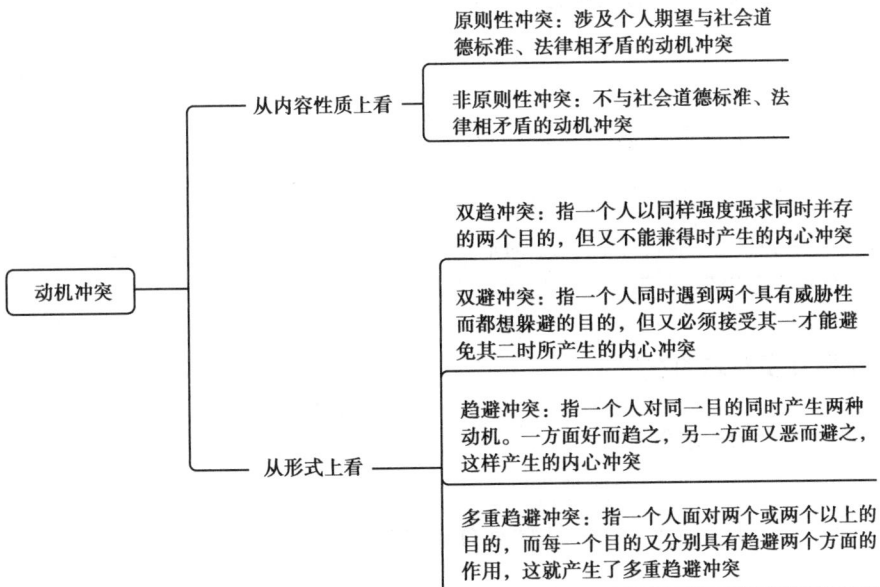

（五）意志品质

意志品质	含义	特征（或表现）	对立面	影响因素
独立性	一个人自己有能力作出重要的决定并执行这些决定，有责任并愿意对自己的行为所产生的结果负责，深信这样的行为是切实可行的。	客观，实事求是	易受暗示性和独断性	个人经历、性格
果断性	善于迅速地辨明是非，能及时、坚决地采取决定和执行决定。	明辨是非，善于抓住机会	优柔寡断和草率决定	个人经历、性格
坚定性	长时间地相信自己的决定的合理性，并坚持不懈地克服困难，为执行决定而努力。	善于克服干扰，清醒意识目的	顽固执拗和见异思迁	心理承受能力，自信心，情感、动机的强度
自制力	一个人善于控制支配自己行为和情绪的能力。	不信口开河，遇事三思而后行	任性和懦弱	主要与从小受到的外界约束有关，与神经活动有关

二、学前儿童意志的发展

（一）意志的发生发展对学前儿童心理发展的意义

（1）意志的发生发展使学前儿童认识过程的有意性发生和加强。

（2）意志的发生发展使学前儿童对心理活动的支配调节能力提高。

（3）意志的发生发展促进学前儿童心理活动系统的形成。

（二）学前儿童意志的发生

1.学前儿童有意运动的发生

（1）无意运动与有意运动的概念：

①无意运动，即不随意运动，是没有意识到的被动运动。它是天生的、无条件反射活动。

②有意运动，又叫随意运动，是为了达到某种目的主动支配自己的肌肉运动。它是后天学会的、自觉意识到主动的运动。

（2）有意运动的特点：

①人在完成某一有意运动时，在头脑中预先产生了运动的目的。

②有意运动是后天学会的。

（3）手的动作和行走的发展：

①手的动作发展不同阶段。

年龄段	行动特征	意志表现	阶段名称
新生儿	本能动作，动作混乱	两眼运动不协调	动作混乱阶段
半个月以后		两眼的协调运动发展起来	
2~3个月	碰到抚摸边缘	无意抚摸，没有目标，没有方向	无意抚摸阶段
3~4个月	抓握、挥动	非本能的、偶然的无意动作	无意抓握阶段
4个月	看见后抓的愿望	手眼不协调，大脑不能支配手的动作	手眼不协调阶段
4~5个月	伴随许多不相干的动作	手眼协调动作	手眼协调动作阶段

②手眼协调动作。

内容	手眼协调动作
含义	指眼睛的视线和手的动作能够配合，手的运动和眼球的运动协调一致，也就是能够抓住所看见的东西。
意义	手眼协调动作的发生，是儿童有意动作发生的主要标志，是婴儿用手的动作有目的地认识世界和摆弄物体的萌芽，也是儿童的手成为认识器官和劳动器官的开端。
时间	4、5个月时，婴儿出现了手眼协调动作。

③行走的发展阶段。

"三翻六坐九来爬"——婴儿学习走路

年龄段	动作发展
新生儿	转头是无意的
2个月	主动转头
3个月	抬头抬肩，开始翻身
5~6个月	学坐
8~9个月	学爬
10个月	扶着站立，扶着走，独立走……
2岁左右	学会跑、跳、爬高等复杂动作

2.学前儿童意志行动的发生

年龄段	意志表现	特点
4个月左右	出现最初的有意性和目的性	新动作有以下特点： ①动作的重复循环不再是由于动作本身的反馈和强化，而是有了最初的目的。 ②动作不再是以儿童本身的动机动作为中心，而是超出了身体的界限，指向外在环境，开始最初的探索。 ③初步预见到自己的动作所造成的影响。
8个月左右	意志行动的萌芽	坚持指向一个目标，并且用一定努力去排除障碍。
1岁以后	意志行动的特征更为明显	通过尝试错误排除向预定目标前进中所遇到的障碍。
1岁半到2岁左右	有了较明确的目的，创造达到目的行动方法	力图达到预定目的而克服困难。

言语的发生对学前儿童意志的发生有重要意义。1岁半至2岁左右正是学前儿童言语逐渐发生、真正形成的时期。成人的言语和学前儿童自己的言语在学前儿童最初的意志行动中起着重要的调节作用。

（三）学前儿童意志行动的发展

1.学前儿童行动目的和动机的发展

（1）自觉行动目的开始形成的年龄段和表现。

年龄段	表现
2、3岁	行动往往缺乏明确的目的，带有很大的冲动性。
幼儿初期	成人外加的目的在学前儿童的行动中仍然起着相当重要的作用。
幼儿中期	学前儿童逐渐学会提出行动目的。
幼儿末期	在成人教育和指导下，学前儿童能够提出比较明确的行动目的。

（2）学前儿童行动的动机和目的的关系出现间接化。

活动形式	动机和目的的一致性
游戏	学前儿童行动的动机和目的往往是一致的。
学习和劳动活动	动机和目的有时也是不一致的。
学前儿童行动的动机和目的关系所发生的变化，是从以直接动机为主向以间接动机为主的方向变化。幼儿期是动机和目的关系开始出现间接化的时期。	

（3）各种动机之间的主从关系逐渐形成的年龄段和表现。

年龄段	表现
婴儿期	主要以感知为表现形式,各种行动动机之间常常不发生主从关系。
幼儿初期	行动动机开始过渡到以表象为主要的表现形式,各种动机之间可以形成主从关系。
年龄稍大	动机的主从关系逐渐趋向稳定。

（4）优势动机的性质变化趋势：

①从被动地受外来影响而产生,向主动地自觉形成的方向变化。

②从直接的、具体的、狭隘的动机,向间接的、较长远、较广阔的动机变化。

③随着年龄的增长,儿童自觉形成的动机和有社会意义的动机逐渐占优势。

2.学前儿童行动过程中坚持性的发展

行动过程中坚持性的发展是学前儿童意志发展的主要标志。

①2~3岁学前儿童开始出现坚持性。

②4~5岁是学前儿童坚持性发展的关键年龄。

③学前儿童坚持性随着年龄的增长而提高。

3.学前儿童自制力的发展

（1）自制力是学前儿童的一种重要的意志品质。

（2）两种表现形式：

①抗拒诱惑。

②延迟满足。

（3）3岁学前儿童自制力很差,行动中冲动性占主导地位,言语指导和诱因对自控无明显作用,常有语言与行为脱节现象。

（4）4岁学前儿童意志的自制力还很差。无论掌握自觉的行动或完成别人的委托和要求,都有一定的困难。

（5）5~6岁学前儿童自制力有明显的提高,开始能使自己的行动服从于成人的要求或自己提出的目的,不受周围情境的影响,活动结果在行动中所占的分量不断增加。这时,他们开始控制自己的外部行动,同时也能逐渐控制自己内部的心理过程,从而产生了有意注意、有意识记和有意想象等。

三、学前儿童意志的培养

（1）制订可行目标,帮助学前儿童明确意志品质提升的要求。

（2）营造心理环境,增强学前儿童敢想愿做的自信心与积极性。

（3）创造物理条件,提供学前儿童锻炼意志品质的场所和机会。

（4）传授训练方法，指导学前儿童掌握锻炼意志的方法与技巧。

（5）实施意志锻炼，促进学前儿童良好意志品质的养成与提高。

【职场链接】

如何培养幼儿的良好意志品质？
——马努依连柯的"哨兵持枪"实验

苏联心理学家马努依连柯曾对3~7岁幼儿进行了一系列动作坚持性方面的实验，实验要求儿童在空手的情况下保持哨兵持枪的姿势，五个实验要求相同，但实验条件各不相同：

实验1：在实验室内，对幼儿逐个个别进行，不告诉被试动作的名称，只要求他维持主试示范的动作。

实验2：在幼儿园进行，其他条件与实验1相同，只是增加分心因素，因为旁边有许多小朋友在玩耍。

实验3：以游戏的方式提出要求，使被试感到不是在完成被交付的任务，而是担任游戏中哨兵的角色，小朋友们扮演工人，坐在桌旁包装糖果，哨兵则在旁边保护工厂的安全。

实验4：要求被试在游戏外担当角色，告诉被试让大家看看他是否持久地维持哨兵的姿势，但没有让他加入游戏。

实验5：让被试在大门外离开集体的地方担任哨兵角色。

其实验结果如下表：

表　幼儿在不同条件下保持姿势的时间

年龄组	实验1	实验2	实验3	实验4	实验5
3~4岁	18″	12″	—	—	—
4~5岁	2′15″	41″	4′17″	24″	26″
5~6岁	5′12″	2′55″	9′55″	2′27″	6′35″
6~7岁	12′	11′	12′	12′	12′

实验结果表明：

（1）无论哪种条件下，幼儿有意保持特定姿势（即坚持性）的时间都随年龄的增长而增长。

（2）幼儿的坚持性与活动性质有关，以游戏的形式，其坚持性显著地提升。

（3）6~7岁幼儿在各种条件下，持枪保持姿势的时间稳定，说明其已有较强坚持性，能充分发挥意志控制作用，较长时间地活动。

▲【真题链接】

一、单项选择题

1.(2018 年国赛)儿童有意动作发生的主要标志是( )。

    A.反射的建立   B.无条件反射的消退

    C.眼手协调动作的发生   D.儿童能够抬头

【答案】C。解析:儿童有意动作发生的主要标志是眼手协调动作的发生。

2.(2018 年国赛)当你被别人无聊地讽刺、嘲笑时,你应对的最佳方式是( )。

    A.反唇相讥

    B.顿显暴怒

    C.提醒自己冷静一下,采取理智的对策

    D.嘲笑对方

【答案】C。解析:自制力是优秀的意志品质,指一个人善于控制支配自己行为和情绪的能力,选项 C 体现了较好的自制力水平,更加适宜。

3.(2018 年国赛题)幼儿年龄小,行为的意识或目的性并不是非常明确,行为习惯的养成就需要持续的外在干预,所以需要( )。

    A.尽早入手   B.常抓不懈

    C.适时要求   D.家园配合

【答案】C。解析:习惯的养成需要适时要求。

二、简答题

(2016 年上半年《保教知识与能力》)从儿童发展角度,简述幼儿户外运动的价值。

【答题要点】

(1)促进儿童身体的生长发育。

(2)发展儿童的基本动作和技能。

(3)增强儿童对外界环境变化的适应能力。

(4)有利于儿童的身心健康。

三、材料分析题

(2016 年下半年《保教知识与能力》)在一项行为实验中,老师把一个大盒子放在幼儿面前,对幼儿说:“这里面有一个很好玩的玩具,一会儿我们一起玩,现在我要出去一下,你等我回来,我回来前,你不能打开盒子看,好吗?”幼儿回答:“好的!”老师把幼儿单独留在房间里,下面是两名幼儿在接下来的两分钟独处时的不同表现。

幼儿一:眼睛一会儿看墙角,一会儿看地上,尽量让自己不看面前的盒子,小手也一直放在自己的腿上,教师再次进来问:“你有没有打开盒子?”幼儿说:“没有。”

幼儿二:忍了一会儿,禁不住打开盒子偷偷看了一眼,老师再次进来问:“你有没有打开盒子?”幼儿说:“没有,这个玩具不好玩儿。”

问题:请分析上述材料中两名幼儿各自表现的行为特点。

【答题要点】

幼儿一的自我控制能力较强,能够严格按老师的要求完成规定动作。根据"延迟满足"的实验,幼儿被告知,他们可以有两个选择:一是他们可以立即打开盒子看,但不能跟老师一起玩玩具;二是假如能忍耐一定的时间(我出去一下,你等我回来),那么就可以跟老师一起玩玩具。材料一的幼儿能够等到老师再次进来,一直不打开盒子看,希望跟老师一起玩玩具。

幼儿二体现了自我中心思维方式,以为只要自己说"没有打开盒子",老师就不知道自己打开过盒子。但幼儿的语言把曾经发生的过程暴露了。老师再次进来问:"你有没有打开盒子?"幼儿说:"没有,这个玩具不好玩儿。"一句"这个玩具不好玩儿",把幼儿偷看盒子中玩具的行为真实地体现了出来。

【能力拓展】

一、项目名称

学前儿童意志品质的测量与评估。

二、目标

掌握评估标准及其测量方法。

三、知识准备

意志品质的内涵。

(一)测量项目和评估标准

对学前儿童意志品质的测量与评估,可以围绕活动的目的性、坚持性和自制力等方面来进行。

意志品质的测量项目与评估标准

测量项目	A 级	B 级	C 级
目的性	事先能自觉提出活动的目的。	在成人的帮助下提出活动的目的。	不能提出活动的目的。
坚持性	不管对活动是否感兴趣,都能围绕活动的目的,自始至终坚持,不放弃,不改变。	在成人的提醒和督促下能坚持活动的目的,否则容易放弃或改变原有的活动。	感兴趣的活动坚持性稍好,不感兴趣的活动常常轻易放弃,受周围情境的影响,难以坚持某项活动。
自制力	与同伴交往时能克制自己的愿望;活动中遇到困难和挫折时,不沮丧,而是想办法解决。	逐渐学会克制自己的愿望;活动中遇到困难和挫折时,会想办法,但一旦再次受阻,就会放弃。	与同伴交往时不能克制自己的愿望;活动中一旦遇到困难和挫折,就会放弃。

(二)测评方法

(1)观察法。可在活动刚开始时(是否主动自觉提出活动的目的)、活动进行中(是坚持还是中途放弃)、愿望得不到满足时(是否能调节自己的情感和行为)进行观察。

(2)实验法。学前儿童自我控制能力的评估,采用最多的是米歇尔的延迟满足实验。即设计延迟等待任务,并按照等待的时间来记分,以考查学前儿童的延迟满足能力。

四、操作指导

熟悉标准—制作记录表—记录汇总—分析数据—提出结论。

◇【本章思考与练习】

一、识记知识

(一)单项选择题

1.以下不属于意志的基本特征是( )。

  A.根据目的有意识地调整行动   B.克服困难

  C.有明确的目的   D.强烈的个人主观色彩

2.儿童既因为虫牙而痛苦,又害怕去看牙医,这种动机冲突属于( )。

  A.双趋冲突   B.回避冲突   C.趋避冲突   D.多重趋避冲突

3.( )儿童的行为有较强的冲动性,做事不考虑后果,且容易放弃正在从事的事情。

  A.1~2 岁   B.2~3 岁   C.3~5 岁   D.5~6 岁

4.苏联教育家马努依连柯的"哨兵持枪"实验说明了学前儿童意志( )的发展特点。

  A.果断性   B.目的性   C.坚持性   D.自制能力

5.下列对于学前儿童意志力培养的描述中正确的是( )。

  A.教师应该经常批评学前儿童做事情时三心二意、虎头蛇尾

  B.学前儿童应该以学习为主,无须去帮助成人做力所能及的事情

  C.学前儿童意志力培养是幼儿园的事情,家人大可不必操心

  D.教师应该尽可能地利用常规体育活动来培养学前儿童坚强的意志力

6.学前儿童意志行动的萌芽,是在儿童出生后的( )。

  A.8 个月左右   B.10 个月左右   C.6 个月左右   D.7 个月左右

7.学前儿童意志发展的主要标志是( )。

  A.自觉性   B.果断性   C.坚持性   D.自制性

8.学前儿童坚持性发展的关键年龄是( )。

  A. 3~4 岁   B. 4~5 岁   C.5~6 岁   D.6~7 岁

9.周末是睡懒觉还是按计划起床背英语单词,这种内心冲突属于( )。

  A.原则性动机冲突   B.非原则性动机冲突

  C.双避冲突   D.以上三项都不是

10.与独立性相反的意志品质是( )。

  A.动摇性   B.任性   C.受暗示性   D.犹豫不决

（二）简答题

1.简述学前儿童自觉行动目的的发展过程。

2.在意志行动过程中的决定阶段一般要经过哪几个环节？

3.学前儿童行动的目的性逐渐增强表现在哪几个方面？

二、理解知识

1.下列判断正确的是（　　　）。

　A.2～3岁的儿童已经有了明确的目的

　B.5～6岁儿童坚持性发展的关键年龄

　C.学前儿童动机和目的的关系以间接化为主

　D.随着年龄的增长，学前儿童自觉形成的动机和有社会意义的动机逐渐占优势

2.意志"以随意活动为基础"的基本特征的意思是（　　　）。

　A.有明确的目的性　　　　　　　　　B.意识对行动的调节

　C.与克服困难相联系　　　　　　　　D.随便活动为基础

3.下列属于意志行动过程中采取决定阶段的是（　　　）。

　A.按既定计划发挥人的积极性和主动性，付出很大的智力和体力

　B.克服困难与干扰，调整修正行动计划，实现既定目标

　C.明确目的或目标

　D.选择方式方法要符合社会准则要求，要合法

4.下列属于与意志品质果断性相关的选项是（　　　）。

　A.易受暗示性和独断性　　　　　　　B.优柔寡断和草率决定

　C.顽固执拗和见异思迁　　　　　　　D.任性和懦弱

5.下列属于与意志品质坚定性相关的选项是（　　　）。

　A.易受暗示性和独断性　　　　　　　B.优柔寡断和草率决定

　C.顽固执拗和见异思迁　　　　　　　D.任性和懦弱

6.下列属于与意志品质自制力相关的选项是（　　　）。

　A.易受暗示性和独断性

　B.优柔寡断和草率决定

　C.顽固执拗和见异思迁

　D.任性和懦弱

7.不是学前儿童意志发展特点的是（　　　）。

　A.行动的目的性逐渐增强　　　　　　B.坚持性逐渐发展

　C.自制力逐步增强　　　　　　　　　D.间接动机明显增加

8.学前儿童意志行动的发展表现为（　　　）。

　A.行动目的的发展从有到无

B.优势动机的发展从主动到被动

C.行动过程中坚持性随年龄增长保持不变

D.自制力的发展

9.学前儿童行动动机的发展表现为(   )。

A.从动机互不相干到形成动机之间的主从关系

B.从间接动机发展到直接动机

C.从原则性动机到非原则性动机

D.从内部动机占优势发展到外部动机占优势

10.下列困难中,属于意志行动中的外部困难的是(   )。

A.能力较差 　　　　　　　　　　B.身体上的疾病

C.恶劣的自然条件 　　　　　　　D.情绪干扰

三、简单运用

1.儿童玩开汽车的游戏时,往往陶醉于开汽车这个过程,他实际上不追求"汽车"真正地开动,请你用儿童行动的目的与动机之间的关系原理解释这一现象。

2.在超市,4~5岁儿童看到自己喜爱的玩具时,已不像2~3岁时那样吵着要买,他能听从成人的要求并用语言安慰自己:"家里有,我只看一看,我不买了。"

(1)2~3岁儿童的自制力有什么特点?

(2)4~5岁儿童的自制力有什么特点?

(3)请针对儿童自制力发展的特点谈谈应如何培养儿童的意志品质。

四、综合运用

1.材料分析题

新苗幼儿园的张老师在组织完大班幼儿的早操活动回到教室后说:"大家先解便再喝水,来,小猫走路。"幼儿们齐声说:"静悄悄。"30多名幼儿排着长队全部走进了厕所。厕所里一下子吵吵嚷嚷,你推我挤起来。张老师听见了便说:"小猫怎么又有声音了?"幼儿们顿时安静下来。这时,小强被同伴挤了一下,小便浇到了明明的身上,明明叫了起来:"老师……"老师说:"是谁在挤来挤去?"

几个女孩子等不及,就先去喝水。张老师见喝水的人也很多,就赶紧跑到饮水机旁说:"要排队接水,一人一次,接好水就回到座位上,别烫着。"幼儿们争先恐后、你推我挤,不时有人将水洒在身上。张老师便厉声喝道:"再挤就别喝了。"

请结合材料情景,分析张老师的行为并提出建议和做法。

2.材料分析题

思远已经5岁了,由于爸爸妈妈平时工作忙,把他送到乡下让爷爷奶奶照顾一段时间。思远从乡下回到家后爸爸妈妈发现他身上有了变化,比如总是要父母为他做这样、做那样,自己的床铺也不再像以前那样起床后自己动手整理,非要等到妈妈发现后帮他整理。他有次直接跟爸爸说想要一个曾经在商场里见到的直升机模型,直升机模型价格不菲,爸爸没答应,他就不停地哭闹,甚至在地上打滚。爸爸的命令或要求统统都不管用,若采取暴力方式对他,又有点舍不得,毕竟是"独苗",打在孩子身上,痛在自己心里。通过这些小事情,爸爸妈妈觉得自己的话不管用了,孩子越来越娇气,看到思远的这些行为,两个大人都很头疼,不知拿他如何是好。

请阅读上述材料,回答以下问题。

(1)从儿童意志品质的分析角度入手,请你谈谈案例中思远存在哪些心理发展问题,都有哪些可能的原因。

(2)如果你是思远的父母,你会采取哪些教育措施帮助他克服意志薄弱的毛病?

第十一章

学前儿童社会性的发展

■ 学习目标

1.了解社会性、社会性发展、道德发展的相关概念。

2.理解学前儿童社会交往的类型及重要意义。

3.掌握学前儿童社会交往、社会性行为和道德发展的发展特点。

4.能运用相关策略促进学前儿童人际关系、社会性行为、道德的发展。

■ 重点难点

重点:学前儿童社会交往、社会攻击性行为的发展特点及影响因素。

难点:促进学前儿童人际关系、社会性行为和道德发展的策略。

■ 本章导学/含考纲要点简要说明

从历年幼儿园教师资格考试真题来看,本章所涉题型主要是选择题、简答题和材料分析题,移情、亲子关系、道德发展等知识点较容易考查选择题,社会性行为(尤其是攻击性行为)非常容易考查简答题、材料分析题。

■ **本章思维导图**

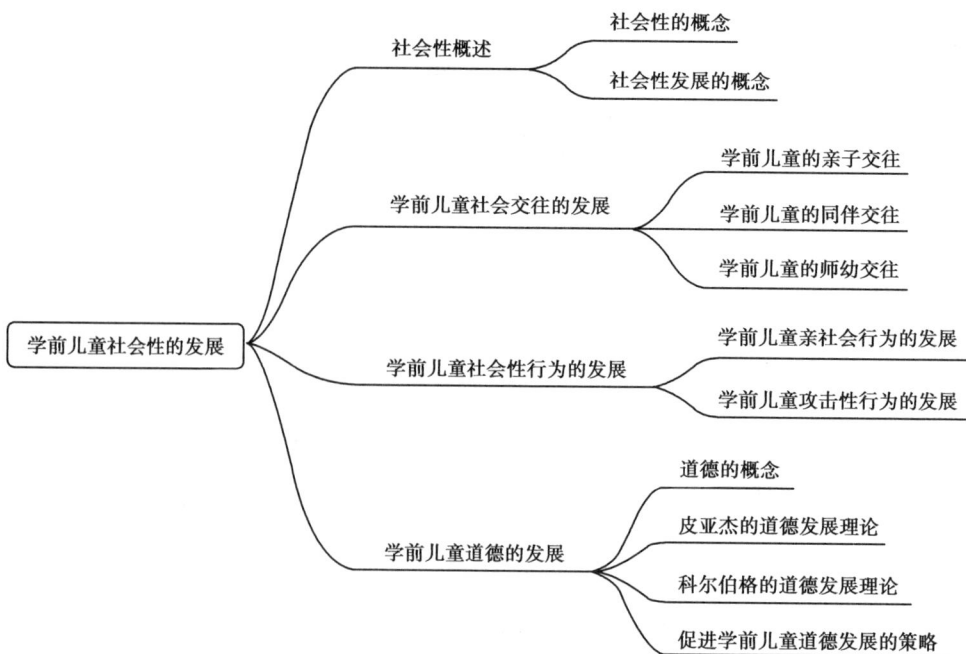

学前儿童社会性的发展

社会性概述
- 社会性的概念
- 社会性发展的概念

学前儿童社会交往的发展
- 学前儿童的亲子交往
- 学前儿童的同伴交往
- 学前儿童的师幼交往

学前儿童社会性行为的发展
- 学前儿童亲社会行为的发展
- 学前儿童攻击性行为的发展

学前儿童道德的发展
- 道德的概念
- 皮亚杰的道德发展理论
- 科尔伯格的道德发展理论
- 促进学前儿童道德发展的策略

知识要点解析

一、社会性概述

（一）社会性的概念

社会性是人作为社会成员个体适应社会所表现出来的心理和行为特征。

（1）适应社会指的是人在社会交往过程（或社会化）中通过建立人际关系、学习理解社会规范、适应环境等而形成的一种心理特性。

（2）个人的社会性可分为先赋社会性和后成社会性。

（二）社会性发展的概念

社会性发展是儿童健康发展的重要组成部分，是个体与他人在相互交往过程中发生的心理和行为的变化。幼儿园社会教育的核心在于发展儿童的社会性。学前儿童社会性发展的内容主要包括社会交往的发展、社会性行为的发展以及道德的发展等。

社会性发展的过程也可称为社会化。儿童社会化指儿童在一定的社会条件下逐步独立地掌握社会规范、正确处理人际关系、妥善自治,从而客观地适应社会生活的心理发展过程。

二、学前儿童社会交往的发展

对学前儿童而言,社会交往主要体现在亲子交往、同伴交往和师幼交往三个方面。

亲子交往

师幼交往　　同伴交往

（一）学前儿童的亲子交往

1.学前儿童亲子交往的重要意义

（1）促进学前儿童个性品质的形成、人际关系和道德的发展。

（2）提供丰富的外界刺激,促进认知、情感和个性的社会化。

（3）有利于学前儿童情绪情感的发展和稳定。

（4）规范社会行为。

2.学前儿童亲子交往中的依恋关系

依恋是个体与重要他人(即依恋对象)通过亲密互动形成持久的、强烈的情感联结。依恋是婴幼儿的最初情感联结,是个体对依恋对象寻求和企图保持亲密情感关系的一种倾向,它对学前儿童人际关系、信任感及社会性行为的发展具有重要影响。

（1）学前儿童依恋产生的前提:

①识别记忆,即能够对依恋对象进行识别和区分记忆。

②具备客体永久性的能力。

（2）学前儿童依恋发展的阶段。

提出者	发展阶段	年龄	特点
鲍尔比	前依恋阶段	0~3个月	1.开始探索周围环境,喜欢有人的地方,喜欢看着别人的脸和眼睛或做出相应夸张的动作。 2.对所有人作出无差别的反应,主要通过哭泣、微笑和咿呀语言等。
	依恋建立阶段	3~6个月	1.开始认生,即对母亲、熟悉的人和陌生人差别对待。 2.对他人的拍、敲、抓等社会性动作突出。
	依恋明确阶段	6个月~2岁	1.出现对特定人的依恋关系的建立,如母亲等。 2.出现特定人的分离焦虑。
	目标调整的伙伴关系（互惠关系）	2岁以后	1.理解父母的需要、情感和离去往返的原因。 2.能够通过等待、忍受或提出要求的方式调整双方的合作关系。 3.开始与熟悉的其他人建立关系。

（3）学前儿童依恋的类型。

在学前儿童依恋的类型上,最经典的划分是安斯沃斯创设的"陌生情境实验",根据婴儿在陌生环境中的行为表现,将依恋行为划分为安全型、回避型和反抗型三种,其中最有利于学前儿童成长的依恋类型是安全型依恋。后来又有研究者提出了第四种混乱型依恋类型。陈英和等人对学前儿童依恋的类型进行了如下归纳。

特点	依恋的类型			
	安全型依恋（65%）	回避型依恋（20%）	反抗型依恋（10%）	混乱型依恋（5%）
母亲在身边时	自由地对周围环境进行探索,不总是依靠在母亲身边。	不在乎母亲是否在身边,与母亲没有形成亲密的感情联结。	常依偎在母亲身边,不能自由地探索环境。	最不安全的依恋类型,混合了回避型与反抗型的特点,常表现出矛盾与混乱的行为反应:他们想接近母亲,但当母亲靠近时又离开。
陌生人在场时	友好地接近陌生人并对其作出积极的反应。	更容易离开母亲而参与到陌生环境中。	对陌生人保持警惕,即使母亲在身边也如此。	
母亲离开时	探索行为明显受到影响,会感到焦虑与痛苦。	没有表现出明显的反抗与分离焦虑。	母亲离开时就表现出高度的警惕,一旦母亲离开,就出现强烈的分离焦虑与反抗。	

续表

特点	依恋的类型			
	安全型依恋(65%)	回避型依恋(20%)	反抗型依恋(10%)	混乱型依恋(5%)
母亲回来时	立刻主动寻求与母亲的亲近,经安抚后很容易从痛苦中恢复过来并继续玩游戏。	不予理会,更不会主动接近母亲,对于母亲主动亲近自己的行为,他们会采取转身离开等回避行为。	很难从痛苦中恢复,同时表现出寻求与母亲的接近和反抗接近的矛盾态度与行为。	当接近母亲时表现出茫然和忧郁的表情或奇怪的姿势;被安抚后可能又会大哭起来。多数情况下,他们看起来不知所措,并常用一些迷茫的表情表达。

3.学前儿童亲子交往中的教养方式

教养方式,是指父母或主要监护人的教养观念、思想态度、情绪情感等对学前儿童所进行的教育、养育方式和行为。

（1）教养方式的两个维度。

1978年,美国心理学家鲍姆林德根据对家庭教养方式的研究,提出了家庭教养方式的两个维度:一是父母对待孩子的行为是否建立适当的标准,即要求性;二是父母对待孩子行为的反应程度,即反应性。

（2）几种常见的教养方式类型。

类型	主要特点	子女的发展特点
权威型(民主型)教养方式	父母对子女既有要求,又尊重子女的兴趣、爱好和选择;既有控制,又给予丰富的情绪情感。	这种教养方式下的儿童自信,自我意识发展较好,兴趣广泛。
专制型教养方式	父母对子女只有要求,高控制,难以倾听子女的声音。	这种教养方式下的儿童较容易缺乏自信,自尊感较低,胆小、怯弱,容易言行不一致。
放纵型教养方式	父母对子女充满积极的情绪情感,但缺乏控制,任由孩子犯错不加以纠正,很少对孩子提出要求,几乎不对孩子进行惩罚。	这种教养方式下的儿童缺乏责任感和自律性,骄横野蛮,无条件索取,较易产生社会性攻击行为。
忽视型(冷漠型)教养方式	父母对子女既不控制也不关心,既缺少积极的情绪情感也缺少要求,亲子之间缺少交流。	这种教养方式下的儿童认知发展水平普遍较低,社会交往能力较弱,不善于关心他人,情绪行为不稳定,较易产生攻击性行为。

4.学前儿童亲子交往的策略

（1）父母双方重视亲子交往,进行言行教养示范引领。

（2）积极开展并参与丰富多彩的亲子活动,促进儿童身心发展。

（3）建立良好的亲子关系,既提出发展要求,又尊重孩子的兴趣、爱好和选择。

（4）进行良好的亲子沟通,控制自己的情绪,积极引导孩子进行换位思考。

（5）发挥托育园和幼儿园的资源,进行亲子交往合作。

（6）创设和谐温馨的家庭环境。

（二）学前儿童的同伴交往

同伴是指与学前儿童身心发展水平相近或相当的人群。

1.同伴交往对学前儿童发展的作用

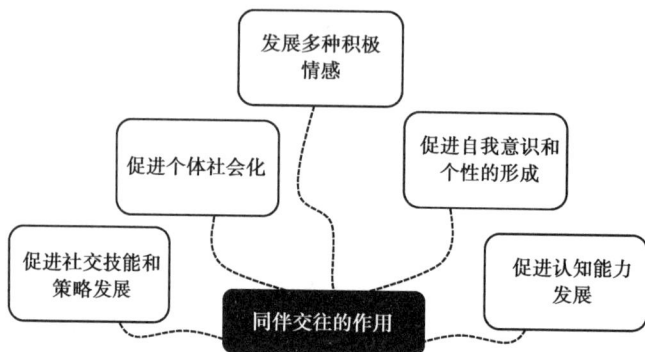

2.学前儿童同伴交往的类型

一般而言,根据庞丽娟等人对学前儿童在同伴交往中的受欢迎程度的研究,学前儿童同伴交往主要可划分为四种类型。

（1）受欢迎型,主要特点是喜欢与儿童交往,受到大多数同伴的接纳和喜欢,能够主导同伴关系的发展。

（2）被拒绝型,主要特点是喜欢与儿童交往,但攻击性行为较多,如抢东西、踢人、大声喊叫、强行拉拢、破坏关系等,因此在同伴中常常被人拒绝,关系紧张。

（3）被忽视型,主要特点是喜欢独自活动,不愿意加入团队活动,既不产生友好行为又不侵犯他人,因此在同伴中常常被人忽视。

（4）一般型(矛盾型),主要特点是既参与团队活动,又单独活动,有时表现出友好的行为,有时表现出攻击性行为,既非特别被人喜欢,又不被人忽视、排斥。

3.学前儿童同伴交往的发展阶段和特点

发展阶段	年龄	主要特点
婴儿同伴关系	2个月	同伴出现开始能够引起简单的注意。
	6个月~1岁	1.能够进行面向同伴非实质性意义的简单互动,如微笑、观察等。 2.具有单向性。 3.出现简单的社会模仿性行为。

发展阶段	年龄	主要特点
婴儿 同伴关系	1~2岁	1.同伴交往形式和内容持续增加,1.5岁后开始出现明显互补性社会行为,同伴注意力占比增加。 2.能够对同伴的行为作出反应。
	2~3岁	同伴交往的主要形式变为游戏,主要以独自游戏或平行游戏为主。
幼儿时期 同伴关系	4~6岁	1.同伴间的联系游戏和合作游戏逐渐增加。 2.同伴关系形成和破裂速度快,未形成友谊概念,常常以玩具、游戏等为载体而从他人的行为表现中进行同伴关系判断。

4.学前儿童同伴交往的主要形式——游戏

（1）游戏的意义：

①促进学前儿童感知运动能力的发展。

②促进学前儿童认知能力的发展。

③促进学前儿童社会性的发展。

④促进学前儿童社交技能的发展。

⑤促进学前儿童情绪情感的发展。

⑥促进学前儿童自我认识的发展。

⑦促成心理障碍儿童的情绪宣泄、创伤性体验的弥合等治疗。

（2）学前儿童游戏的常见分类。

分类依据	类型	内涵
按照创造性属性—— 创造性游戏	角色游戏	通过角色扮演,运用想象创造性地反映个人生活经验的一种游戏。
	表演游戏	以儿童文艺作品、生活事件、想象事件等为主要内容,运用动作、语言和表情再现文艺作品或生活内容的一种创造意愿游戏。
	结构游戏	利用各结构（建筑）材料和玩具进行构造活动的游戏。
按照教学任务属性—— 规则游戏	智力游戏	以知识、发展智力为主的游戏。
	音乐游戏	在音乐伴奏或伴唱下进行的以发展音乐素养或提升学习兴趣为主的游戏。
	体育游戏	以发展体育和增强体质为主的游戏。
按照皮亚杰认知发展 角度	练习游戏	进行简单的重复动作的游戏,1.5~2岁儿童适宜。
	象征游戏	通过想象、假装、物体拟人化等方式进行的游戏,2~6岁适宜。
	规则游戏	有规则、有竞争的游戏,6岁以上。

续表

分类依据	类型	内涵
按照帕顿的社会性参与程度	无所用心的游戏	儿童参与意愿不高
	单独游戏	儿童独自进行
	旁观	观察他人的游戏,但自己常常不会参与其中
	平行游戏	一起游戏,但很少互相交流
	联合游戏	一起游戏,有互动交流,但很难围绕同一目标进行
	合作游戏	一起游戏,有互动交流和分工,能够围绕同一目标进行并尝试达成目标

5.学前儿童同伴交往的影响因素

	影响因素	举例
学前儿童同伴交往的影响因素	家长方面——早期亲子交往的经验	1.父母自身的言行举止 2.父母对儿童的教养方式 3.父母的家庭环境 4.开展活动的性质、质量和数量
	儿童自身的因素	1.性别、年龄、身体发展程度等生理因素 2.儿童自身的性格、气质、能力等个性特征 3.儿童的社会属性,如社交能力、认知能力等 4.儿童的行为特征
	教师因素	1.师生关系 2.教学方式和策略 3.自身的人格魅力、学识修养 4.开展的活动性质,如班级建设
	社会因素	1.自然环境 2.社区的活动 3.社会对待儿童的行为观念 4.教育政策法规

6.学前儿童同伴交往的发展策略

(1)为学前儿童创造同伴交往的机会,开展丰富的游戏活动。

(2)引导学前儿童掌握学习正确的交往技能,有意识地促进形成良好的行为修养,严于律己,尊重他人。

（3）创建民主平等的交往环境,以身作则,行为示范。

（三）学前儿童的师幼交往

进入学校后,师幼关系成为学前儿童社会交往的重要组成部分,它直接影响学校教学质量,影响学前儿童社会性的发展。

1.学前儿童师幼交往类型

从师幼交往的目的、宽容性、情感性、发现意识、方式等维度出发,姜勇、庞丽娟等人将学前儿童师幼交往主要划分为严厉型、民主型、开放学习型以及灌输型四种类型。

	类型	主要特点
师幼关系类型	严厉型	教师缺少对幼儿的情感支持,通常比较冷漠,而批评、惩罚则较多。
	民主型	教师更重视幼儿的全面发展,并能充分理解与尊重幼儿的兴趣与需要。
	开放学习型	教师虽然也非常重视幼儿知识的获得,但总是鼓励幼儿自主探索、自我发现。
	灌输型	教师重知识传授,很少根据幼儿的实际情况调整教育活动,在集体教育中总是教师说得多、幼儿自主探索得少。

2.学前儿童积极的师幼关系的重要意义

（1）有助于提高教学效果。

（2）有助于师幼心理健康发展。

（3）有助于幼儿获得关爱和安全感。

（4）有助于幼儿之间建立良好的同伴关系。

（5）有助于教师的专业成长和发展。

（6）有助于建设良好的校园环境氛围。

3.学前儿童师幼交往的发展策略

（1）教师要树立正确的教育观和儿童观。

（2）教师对幼儿要持支持、尊重、接受的情感态度和行为。

（3）教师对待幼儿应善于疏导、鼓励。

（4）教师对幼儿要尽量使用多种适宜的身体语言动作。

（5）营造良好生活学习氛围,让幼儿感到温暖和愉悦。

三、学前儿童社会性行为的发展

社会性行为是人们在交往过程中对他人或某一事件表现出的态度、言语和行为反应,根据其动机和目的,学前儿童社会性行为主要包括亲社会行为和反社会行为两大类。

（一）学前儿童亲社会行为的发展

1.亲社会行为的概念

亲社会行为,又叫"利他行为"或者"亲善行为""积极社会行为",是指一个人帮助或打算帮助他人或群体的具有积极影响的行为及倾向。

（1）打算帮助,指的是一个人准备帮助他人的行为倾向和意愿。

（2）学前儿童亲社会行为主要包括合作、分享、助人、同情等行为,其中合作行为最常见。

2.学前儿童亲社会行为发展的阶段特点

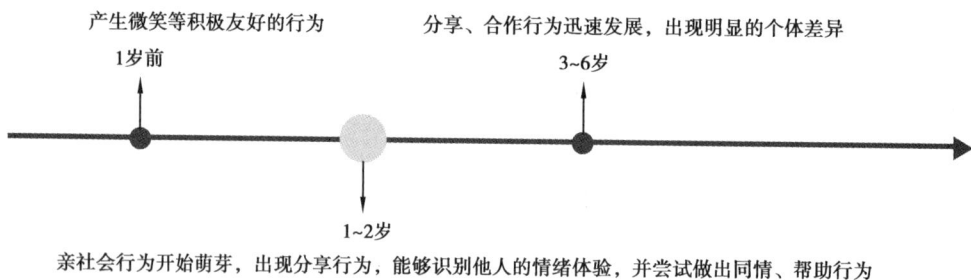

产生微笑等积极友好的行为
1岁前

分享、合作行为迅速发展,出现明显的个体差异
3~6岁

1~2岁

亲社会行为开始萌芽,出现分享行为,能够识别他人的情绪体验,并尝试做出同情、帮助行为

3.学前儿童亲社会行为发展的影响因素

（1）社会生活环境,如东西方文化、电视媒介影响等。

（2）父母的榜样作用。

（3）观点采择能力,能否站在他人立场思考问题。

（4）移情的作用,是导致亲社会行为的根本的、内在因素。

（5）同伴的模仿和强化影响。

（二）学前儿童攻击性行为的发展

反社会行为在学前阶段主要体现在攻击性行为上,影响着学前儿童的社会性发展。

1.攻击性行为的概念

攻击性行为,又称为"侵犯行为"或者"消极社会行为",是指任何形式的以侵犯或伤害他人为目的的行为。

2.学前儿童攻击性行为的主要类型

观点的代表人物	分类依据	类型	内涵	联系
贝约克斯基	根据攻击形式	直接攻击	扭、捏、踢打、踩、取笑、起绰号、侮辱、辱骂等直接性动作和语言行为。	相同点:都是攻击行为。不同点:直接攻击通过自己的语言和身体进行;间接攻击通过第三者实施攻击。
		间接攻击	说第三者坏话、冷落、排斥、指使等通过第三方而实施的行为。	
哈特普	根据攻击的目的性	敌意性攻击	主要目的是直接打击伤害他人。	相同点:都是有目的的攻击。不同点:敌意性指向人,工具性指向获取物品;敌意性主要在大班,工具性主要在小班;敌意性具有预先性,工具性预先性较弱。
		工具性攻击	主要目的是获得物品而产生的攻击行为。	

3.学前儿童攻击性行为发展的主要特点

　　(1)攻击性行为频繁,1岁左右学前儿童开始出现攻击性行为。2岁左右学前儿童之间表现出一些明显的冲突。4岁之前,学前儿童攻击性行为的数量逐渐增多,主要是关于物品玩具的抢夺等。4岁之后学前儿童攻击性行为数量就逐渐减少。

　　(2)攻击性行为具有性别差异,性别意识发展后女孩攻击性行为数量往往下降较多,男孩易产生或参与攻击性行为。

　　(3)由工具性攻击行为向敌意性攻击行为增多。

　　(4)身体攻击性行为往往多于语言攻击性行为。

4.学前儿童攻击性行为产生的原因（影响因素）

学前儿童攻击性行为产生的原因（影响因素）	维度		原因（影响因素）
	儿童自身因素	生物学方面	遗传或神经类型特点
		心理学方面	1.个体的性格、气质。2.认知水平尤其是道德认知水平较低。3.自身的社交技能较低。4.挫折,是学前儿童攻击性行为产生的直接原因。

续表

	维度		原因（影响因素）
学前儿童 攻击性行为 产生的原因 （影响因素）	环境 方面 因素	父母方面	1.父母本身攻击性行为习惯的影响。 2.惩罚，如经常性辱骂、体罚、打骂孩子等。 3.强化，在学前儿童出现攻击性行为时，父母不加制止，强化了学前儿童的侵犯行为。 4.家庭缺乏温暖，父母关系不和谐。
		同伴方面	1.同伴不良攻击性行为的强化作用。 2.同伴关系紧张或正处于竞争性状态时。 3.同伴的不良教唆行为等。
		学校方面	1.学校中的不良物质和精神制度环境。 2.教师的教育观念、活动安排合理程度、对待攻击性行为的处理方式等。
		文化制度 方面	1.流行文化、游戏、大众传媒等的不良影响。 2.社会中他人的不良替代性强化作用。

5.减少学前儿童攻击性行为（增加学前儿童亲社会行为）的策略

（1）提高学前儿童的认知水平。

（2）提升学前儿童的社交技能水平。

（3）选择良好的社会媒介影响，减少不良刺激。

（4）树立良好的榜样。

（5）进行有计划的移情训练。

（6）进行适宜的行为鼓励和奖励。

（7）引导进行合理的情绪宣泄。

四、学前儿童道德的发展

（一）道德的概念

道德，是指为了调整人与人之间以及个人和社会之间的关系所遵守的行为规范的总和。

（1）道德是一种社会行为规范，而品德指的是个人的道德品质或德性。

（2）道德既调节人与人之间的关系，也调节个人与社会之间的关系。

（3）道德与道德感不同，道德感是由自己或别人的举止行为是否符合社会道德标准而引起的情感，例如，中班幼儿常常告状，就是由道德感激发出的一种行为。

（二）皮亚杰的道德发展理论

	发展阶段	年龄段	具体观点
皮亚杰的道德发展理论	无律期	5岁以前	以"自我中心"思考问题,几乎不涉及道德发展。
	他律期（道德的现实主义）	5~10岁	接受外部的分配,服从外部的规则,只根据行为后果判断对错。
	自律期（道德的相对主义）	10岁以后	按自身内在的道德标准进行判断。

（三）科尔伯格的道德发展理论

　　美国发展心理学家科尔伯格改进了皮亚杰的道德发展理论,通过"道德两难"故事法（"海因茨偷药"故事）来推断儿童的道德发展水平,提出了三水平、六阶段道德发展理论。

	年龄	发展水平	具体阶段	主要特点
科尔伯格的道德发展理论	0~9岁	前习俗水平	阶段一惩罚和服从阶段	根据行为后果判断,受赞扬的行为是好的,受惩罚的行为是坏的,服从权威是为了避免惩罚。
			阶段二相对功利取向阶段	为了获得奖赏或满足需求而遵从规则,规则不是固定不变的。
	9~15岁	习俗水平	阶段三人际和谐取向阶段（"好孩子"阶段）	为了建立良好的关系,或者说被看作好人、保持尊重和信任而遵守规则。
			阶段四维护权威或秩序阶段	根据是否符合维护社会秩序而遵守规则。
	15岁以后	后习俗水平	阶段五社会契约和法律阶段	认为法律契约是为了让人变得更好,如果不符合,可以通过协商和民主的方式进行调整。
			阶段六普遍的道德原则或良心阶段	不再根据外界,而根据自己的良心作出判断。

（四）促进学前儿童道德发展的策略

　　（1）了解学前儿童的道德发展水平,进行有针对性的引导和教育。

　　（2）遵循学前儿童道德发展的规律。

（3）创设良好的道德环境,如通过道德两难问题、道德叙事和价值澄清等方式,促进道德认知和实践。

（4）提升学前儿童的整体认知水平,深化积极的道德情感体验。

▲【真题链接】

一、单项选择题

1.(2012 年上半年《保教知识与能力》)幼儿园的"娃娃家"游戏属于(　　)。

　　A.结构游戏　　　　B.表演游戏　　　　C.角色游戏　　　　D.智力游戏

【答案】C。解析:幼儿园的"娃娃家"游戏属于按角色进行扮演的游戏。

2.(2013 年上半年《保教知识与能力》)幼儿园社会教育的核心在于发展幼儿的(　　)。

　　A.人际关系　　　　　　　　　　B.社会性行为规范

　　C.社会性　　　　　　　　　　　D.社会文化

【答案】C。解析:社会性发展是儿童健康发展的重要组成部分,是个体与他人在相互交往过程中发生的心理和行为的变化,幼儿园社会教育的核心在于发展幼儿的社会性。

3.(2015 年上半年《保教知识与能力》)幼儿看见同伴欺负别人会生气,看见同伴帮助别人会赞同,这种体验是(　　)。

　　A.理智感　　　　B.道德感　　　　C.美感　　　　D.自主感

【答案】B。解析:道德感是由自己或别人的举止行为是否符合社会道德标准而引起的情感,是在掌握道德标准的基础上产生的。

4.(2016 年下半年《保教知识与能力》)婴幼儿的"认生"现象通常出现在(　　)。

　　A.3~6 个月　　　　B.6~12 个月　　　　C.1~2 岁　　　　D.2~3 岁

【答案】A。解析:3~6 个月的婴幼儿开始出现认生现象,对母亲、熟悉的人和陌生人有差别对待。

5.(2017 年下半年《保教知识与能力》)如果母亲能一贯具有敏感、接纳、合作、易接近等特征,其婴儿容易形成的依恋类型是(　　)。

　　A.回避型依恋　　　B.安全型依恋　　　C.反抗型依恋　　　D.紊乱型依恋

【答案】B。解析:儿童安全型依恋方式,更多得益于母亲的敏感应对、积极反应、接纳合作等。

6.(2018 年上半年《保教知识与能力》)在角色游戏中,教师观察幼儿能否主动协商处理玩伴关系,主要考查的是(　　)。

　　A.幼儿的情绪表达能力　　　　　　B.幼儿的社会交往能力

　　C.幼儿的规则意识　　　　　　　　D.幼儿的思维发展水平

【答案】B。解析:主动协调处理玩伴关系是幼儿同伴交往的体现,属于幼儿的社会交往范畴。

7.(2020 年下半年《保教知识与能力》)有些婴幼儿既寻求与母亲接触,又拒绝母亲的爱抚,其依恋类型属于(　　)。

　　A.焦虑回避型　　　B.安全型　　　　C.焦虑反抗型　　　D.紊乱型

【答案】C。解析:反抗型幼儿遇到母亲要离开之前,总表现出高度的警惕,一旦母亲离开,就出现强烈的分离焦虑与反抗,见到母亲回来时很难从痛苦中恢复,同时表现出寻求与母亲的接近和反抗接近的矛盾态度与行为。

8.(2021年上半年《保教知识与能力》)小明搭房子时缺一块长条积木,他发现苗苗手里有一块,就直接过去抢。小明的这种行为属于( )。

    A.工具性攻击   B.言语性攻击

    C.生理性攻击   D.敌意性攻击

【答案】A。解析:工具性攻击行为指幼儿为了获得某个物品所做出的打击伤害他人的行为。

9.(2021年上半年《保教知识与能力》)儿童认为规则是由有权威的人决定的,不可以经过集体协商改变,这说明儿童的道德认知处于( )。

    A.习俗阶段   B.他律道德阶段

    C.前道德阶段   D.自律道德阶段

【答案】B。解析:根据皮亚杰的道德发展理论,接受外部的分配,服从外部的规则,只根据行为后果来判断对错的阶段属于他律阶段。

10.(2022年上半年《保教知识与能力》)有些幼儿经常看电视上的暴力镜头,其攻击行为会明显增加,这是因为电视的暴力内容对幼儿攻击行为的习惯起到( )。

    A.定势作用   B.惩罚作用

    C.依赖作用   D.榜样作用

【答案】D。解析:影响学前儿童攻击性行为的因素包括父母的惩罚、榜样、强化、挫折等,根据班杜拉在社会认知理论中的观察学习,电视上的攻击性榜样会增加幼儿以后的攻击性行为。

二、简答题

1.(2016年上半年《保教知识与能力》)影响在园幼儿同伴交往的因素有哪些?

【答题要点】

(1)家长方面——早期亲子交往的经验。父母自身的言行举止,父母对孩子的教养方式,家庭环境,父母开展活动的性质、质量和数量。

(2)儿童自身的因素。性别、年龄、身体发展程度等生理因素,儿童自身的性格、气质、能力等个性特征,儿童的行为特征,儿童的社会性属性,如姓名、社交能力等。

(3)教师因素。师生关系,教学方式和策略,自身的人格魅力、学识修养,开展活动的性质。

(4)社会因素。自然环境、社区的活动、社会对待儿童的行为观念、教育政策法规等。

2.(2016年下半年《保教知识与能力》)父母陪伴对幼儿健康成长有何意义?

【答题要点】

(1)促进幼儿个性品质的形成、人际关系和道德的发展。

(2)提供丰富的外界刺激,促进认知、情感和个性的社会化。

(3)有利于幼儿情绪情感的发展和稳定。

(4)规范社会行为。

3.(2020年下半年《保教知识与能力》)简述幼儿工具性攻击和敌意性攻击的异同。

【答题要点】

(1)含义:工具性攻击行为指儿童为了获得某个物品所做出的打击伤害他人的行为。敌意性攻击则是以人为指向的,目的在于直接打击或伤害他人。

(2)相同点:都是有目的地攻击。

(3)不同点:

①敌意性指向人,工具性指向获取物品。

②敌意性主要在大班,工具性主要在小班。

③敌意性具有预先性,工具性预先性较弱。

三、论述题

(2015年下半年《保教知识与能力》)论述积极师幼关系的意义,并联系实际谈谈幼儿教师应如何建立积极的师幼关系。

【答题要点】

(1)学前儿童积极的师幼关系的重要意义:

①有助于提高教学效果。

②有助于师幼心理健康发展。

③有助于幼儿获得关爱和安全感。

④有助于幼儿之间建立良好的同伴关系。

⑤有助于教师的专业成长和发展。

⑥有助于建设良好的校园环境氛围。

(2)学前儿童师幼交往的发展策略:

①教师要树立正确的教育观和儿童观。

②教师对幼儿要持支持、尊重、接受的情感态度和行为。

③教师对待幼儿应善于疏导、鼓励。

④教师对幼儿要尽量使用多种适宜的身体语言动作。

⑤营造良好的生活学习氛围,让幼儿感到温暖和愉悦。

四、材料分析题

(2016年下半年《保教知识与能力》)4岁的石头在班上朋友不多,一次,他看见林琳一个人在玩,就冲上去紧紧抱住林琳,林琳感到不适,一把推开了石头,石头跺脚大喊:"我是想和你做朋友的啊!"

问题:

(1)请根据上述材料,分析石头在班里朋友不多的原因。

(2)教师应如何帮助石头改善朋友不多的状况?

【答题要点】

(1)石头在班里朋友不多的原因:

①环境因素影响,在家庭环境中家长没有创造一个相对开放的环境。在幼儿园,幼儿教师没有很好地照顾到每一个幼儿,让幼儿积极参与到活动中。

②教育方面的影响,家长和教师平时没有及时发现石头的问题并引导他如何很好地

与其他小朋友相处,导致石头没有掌握正确的与其他幼儿交往的社交技能。

③幼儿自身特点的限制,石头自身的气质和性格。石头有可能是较内向的性格,平时与其他幼儿沟通交流较少,没有掌握正确的交友方法。

(2)教师应如何帮助石头改善朋友不多的状况:

①教师要树立正确的教育观和儿童观,应给幼儿创造与同伴交往的机会,开展丰富的游戏活动。

②引导幼儿掌握学习正确的交往技能,有意识地促进其养成良好的行为修养,严于律己,尊重他人。

③教师对幼儿要持支持、尊重、接受的情感态度和行为。

④教师对待幼儿应进行疏导、鼓励。

⑤教师对幼儿要尽量使用多种适宜的身体语言动作。

⑥营造良好的生活学习氛围,创建民主平等的交往环境,让幼儿感到温暖和愉悦。

▲【国赛链接】

1.(2018年国赛)最有利于儿童成长的依恋类型是( )。

A.回避型　　　　　　　　　　B.反抗型

C.安全型　　　　　　　　　　D.迟钝型

【答案】C。解析:安全型依恋是当母亲在身边时自由地对周围环境进行探索,不总是依靠在母亲身边,在陌生的环境中能够友好地接近陌生人并对其作出积极的反应,最有利于儿童的社会性发展。

2.(2018年国赛)儿童有不知足、不安全、忧虑、退缩、怀疑、不喜欢与同伴交往等特点是在( )教养方式下形成的。

A.放纵型　　　　B.自由型　　　　C.民主型　　　　D.专制型

【答案】D。解析:专制型教养方式下的孩子较容易缺乏自信,自尊感较低,胆小、怯弱,容易言行不一致。

3.(2019年国赛)从频率上看,( )岁之前,幼儿攻击性行为的数量逐渐增多。

A.2　　　　　　B.3　　　　　　C.4　　　　　　D.5

【答案】C。解析:1岁左右时幼儿开始出现攻击性行为。2岁左右幼儿之间表现出一些明显的冲突。4岁之前,幼儿攻击性行为逐渐增多,主要是物品玩具的抢夺、伙伴关系的争夺等。4岁之后攻击性行为的数量就逐渐减少。

【能力拓展】

一、项目名称

对学前儿童的社会性行为进行观察。

二、目标

学会观察学前儿童的社会性行为。

三、具体内容

(1)明确观察对象,选择进行实地观察。

（2）进入观察场地，做好观察记录的准备，利用观察表对 5~10 名特定学前儿童进行观察。

（3）进行观察记录，并进行结果分析。

主题：					
观察人：		观察对象：		观察时间：	
亲社会 行为记录					
攻击性社会 行为记录					
行为次数	亲社会行为		次	攻击性社会行为	次
总结					

◇**【本章思考与练习】**

一、识记知识

（一）单项选择题

1.理解父母的需要、情感和离去往返的原因，能够通过等待忍受或者提出要求的方式调整双方的合作关系的依恋阶段属于（ ）。

　　A.前依恋阶段　　　　　　　　　　B.依恋明确阶段

　　C.依恋建立阶段　　　　　　　　　D.目标调整的伙伴关系阶段

2.小明既被一些同伴喜欢，又被其他同伴讨厌。按照儿童不同交往类型划分，小明属于（ ）。

　　A.受欢迎型儿童　　　　　　　　　B.拒绝型儿童

　　C.被忽视型儿童　　　　　　　　　D.矛盾型儿童

3.按照帕顿的社会性游戏参与程度划分，能够一起游戏，有互动交流和分工，能够围绕同一目标进行并尝试达成目标的游戏类型是（ ）。

　　A.单独游戏　　　　　　　　　　　B.平行游戏

　　C.合作游戏　　　　　　　　　　　D.联系游戏

4.学前儿童同伴交往的主要形式是（ ）。

　　A.游戏　　　　　　　　　　　　　B.助人

　　C.分享　　　　　　　　　　　　　D.工具性攻击

5.儿童亲社会行为开始萌芽,能够识别他人的情绪体验的开始年龄段是(　　　)。

　　A.1岁以前　　　　　　　　　　　B.1~2岁

　　C.3岁　　　　　　　　　　　　　D.4~6岁

6.儿童的攻击性行为(　　　)。

　　A.存在性别差异,没有年龄差异　　B.不存在性别差异,没有年龄差异

　　C.存在性别差异,有年龄差异　　　D.不存在性别差异,有年龄差异

7.下列不属于儿童亲社会行为的是(　　　)。

　　A.给老人让座　　　　　　　　　　B.向老师问好

　　C.安慰受伤的同伴　　　　　　　　D.给同伴起绰号

8.科尔伯格在研究儿童的道德发展时采用的方法是(　　　)。

　　A.道德两难法　　　　　　　　　　B.守恒实验

　　C.陌生情境实验　　　　　　　　　D.沙盘游戏

9.为了获得奖赏或满足需求而遵从规则,认为规则不是固定不变的阶段属于

(　　　)。

　　A.惩罚和服从阶段　　　　　　　　B.相对功利取向阶段

　　C."好孩子"阶段　　　　　　　　　D.普遍的道德原则或良心阶段

(二)简答题

　　1.简述学前儿童亲子交往的重要意义。

　　2.简述师幼交往的类型及主要特点。

二、理解知识

　　1."见人问好""乐于助人"体现了幼儿(　　　)。

　　A.个性的发展　　　　　　　　　　B.社会性的发展

　　C.情绪情感的发展　　　　　　　　D.意志的发展

　　2.小班的苗苗喜欢在家里乱踢足球,有一次不小心把自己家的电视屏幕踢坏了,妈妈看见后严厉批评了苗苗,并提出了相关行为要求,周末妈妈专门给苗苗买了一个足球,并约定每周末都到社区足球场踢球。该案例体现了妈妈的教养方式是(　　　)。

　　A.权威型　　　　B.专制型　　　　C.冷漠型　　　　D.放任型

　　3.下列关于学前儿童社会性相关表述错误的是(　　　)。

　　A.同伴关系紧张时,更容易发生攻击性行为

　　B.依恋是婴幼儿的最初情感联结

　　C.被忽视型儿童不愿意加入团队活动,说明不会产生攻击性行为

　　D.游戏作为儿童主要活动形式,因此学前儿童同伴交往中合作行为最常见

　　4.在游戏活动中,教师观察儿童是否有互动交流,是否能够围绕同一目标进行并尝试达成目标,主要考查的是儿童的(　　　)。

　　A.个性发展情况　　　　　　　　　B.社会性发展情况

　　C.认知发展情况　　　　　　　　　D.意志发展情况

三、简单运用

1.为什么学前儿童常常以是否会受惩罚来衡量行为的对错？

2.如何有效促进学前儿童道德发展？

四、综合运用

材料:活动课开始了,云云率先抢到了自己特别喜欢的奥特曼玩具,但刚玩一会儿就被旁边玩"过家家"游戏的小强不小心踩坏了,云云生气极了,拿着旁边的玩具小木槌敲在小强身上,于是,两人扭打在一起。

问题:

(1)请结合材料,指出云云的行为属于哪种社会性行为？ 云云最可能处在幼儿园哪个年龄阶段？

(2)如何减少此类行为的发生？

第十二章

学前儿童个性的发展

■ 学习目标

1.理解学前儿童个性的发展、气质、性格、能力、自我意识的概念及分类。

2.掌握学前儿童的气质、性格、能力、自我意识发展的特点。

3.能够初步运用学前儿童个性发展所学基本理论知识对学前儿童个性行为表现进行分析和判断,根据学前儿童的个性差异进行适宜性教育。

■ 重点难点

重点:个性的概念、学前儿童气质的发展、学前儿童自我意识的发展。

难点:根据学前儿童个性发展的特点实施教育。

■ 本章导学/含考纲要点简要说明

本章属于考试重点章节,从历年幼儿园教师资格考试真题来看,所涉题型包括选择题、简答题和案例分析题,主要围绕个性的结构、幼儿自我意识和气质等发展特征、个性发展指导方法三个部分进行考查,其中前两个部分主要考查选择题,最后一个部分较容易考查主观题。

■ **本章思维导图**

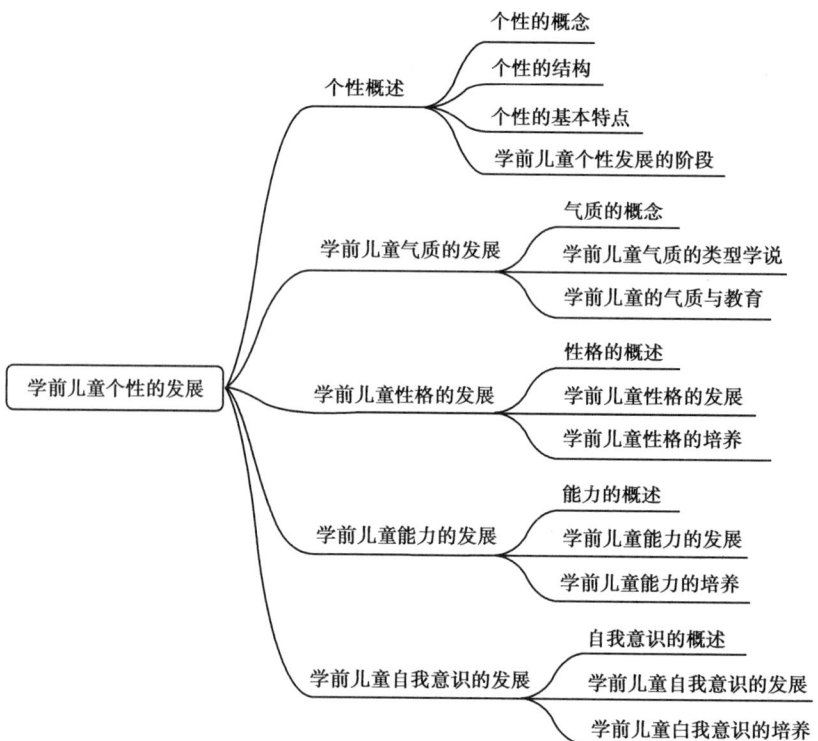

```
                                                    个性的概念
                                                    个性的结构
                              个性概述
                                                    个性的基本特点
                                                    学前儿童个性发展的阶段

                                                    气质的概念
                              学前儿童气质的发展       学前儿童气质的类型学说
                                                    学前儿童的气质与教育

                                                    性格的概述
    学前儿童个性的发展          学前儿童性格的发展       学前儿童性格的发展
                                                    学前儿童性格的培养

                                                    能力的概述
                              学前儿童能力的发展       学前儿童能力的发展
                                                    学前儿童能力的培养

                                                    自我意识的概述
                              学前儿童自我意识的发展     学前儿童自我意识的发展
                                                    学前儿童自我意识的培养
```

🔍 **知识要点解析**

一、个性概述

（一）个性的概念

个性又称"人格"，指一个人全部心理活动的总和，它是作用于个体稳定的思想、情感和行为的持久的内在特征系统。

心理学上的个性，既有先天的气质基础，又有后天的性格刻画的结果。

（二）个性的结构

一般来说，人的个性主要包括自我意识、个性倾向性和个性心理特征三个组成部分。

	组成名称	含　义
个性的结构	自我意识	意识的一种形式,是主体对自己的反映过程,是个性心理结构中的控制系统,包括自我认识、自我评价和自我调节三个部分。
	个性倾向性	决定一个人对周围世界的态度和行为倾向的动力系统,包括动机、需要、兴趣、理想信念等。
	个性心理特征	一个人身上多种心理特点的稳定、独特结合,包括气质、性格、能力等。

（三）个性的基本特点

	特点	含　义
个性的基本特点	1.共同性与独特性	①一方面,个性作为人的心理特征系统,是在群体环境、社会环境、自然环境中逐渐形成的,因此特定环境中人在个性上具有一定共同性。②另一方面,"世界上没有两个相同的人",每个人的个性都有不同于他人的独特之处,这种差异构成了个性的独特性特点。
	2.稳定性与可塑性	①一方面,人的个性一旦形成,总是表现出相对稳定的心理特点或品质(偶然的心理特征不能被认定为人的个性特点),即所谓的"江山易改,本性难移"。②另一方面,这种稳定性并不意味着人的个性不会发生变化,如随着环境突变、现实持续性变化等,人的个性也可能发生缓慢变化,即具有可塑性的一面。
	3.生物性与社会性	①一方面,个性具有生物属性,生物因素为个性发展提供了可能性,如人的个性会受到先天素质、神经活动类型等影响。②另一方面,个性也具有社会属性,与后天社会环境密不可分,如家庭环境、民族文化环境等。
	4.整体性	①一方面,人的个性的组成部分是相互联系、相互影响的,如从一个人的单个心理特征或行为往往可以看到这个人的整体个性,即体现了整体性。②另一方面,人的个性一旦形成,也会对自我意识系统、人的倾向性系统和个性心理特征产生相互影响,体现了整体性。

（四）学前儿童个性发展的阶段

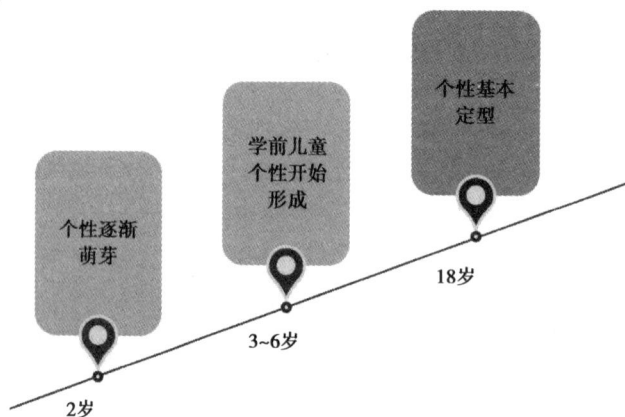

二、学前儿童气质的发展

（一）气质的概念

气质是表现在心理活动的强度、速度、稳定性、平衡性和灵活性等方面的一种稳定的心理特征。

（1）强度：兴奋和抑制的强度，即对事物反应的能量水平。

（2）速度：事物反应的敏捷性，如语言、感知及思维的速度等。

（3）稳定性：发生变化或受影响而改变的程度，如注意集中的时间长短等。

（4）平衡性：在兴奋和抑制之间保持平衡的特性，兴奋强于抑制或者抑制强于兴奋，均是不平衡的表现。

（5）灵活性：对外界事物适应的难易程度。

（二）学前儿童气质的类型学说

1.学前儿童气质的类型

人的气质具有多种特征，按照不同的理论学说，气质的类型划分也不相同，其中最著名的气质类型学说主要有两种，一是希波克拉底的体液说，二是巴甫洛夫的高级神经活动类型学说。

（1）体液说。

最早由古希腊名医希波克拉底提出，他将人的体液划分为四种，分别为黄胆汁（胆汁质）、血液（多血质）、黏液（黏液质）、黑胆汁（抑郁质）。他认为一个人身上哪种液体最多，就具备哪种气质类型。四种气质类型具有不同的典型心理特征。

气质类型	气质典型特征	典型人物
胆汁质	精力充沛,表里如一,情感体验迅速,行为反应快且强烈,易冲动但平息也快,直爽热情,外向开朗,刚毅坚强,但急躁易怒,容易感情用事,往往缺乏自制力和耐心。	《水浒传》中的李逵
多血质	活泼好动,思维敏捷,有朝气,喜欢与人交往,做事粗枝大叶,注意力、情绪情感不稳定。	《红楼梦》中的王熙凤
黏液质	安静,沉重稳定,反应较慢,思维、言语和行动迟缓,具有较强内倾性,沉默寡言,情绪情感不易外露,自我控制能力和持久性强,注意力稳定且难以转移,不易习惯新环境,生活比较单调。	《水浒传》中的林冲
抑郁质	孤僻,行动缓慢,感受性强,体验深刻,内倾性严重,善于细心观察别人,容易体察到一般人不易觉察的事件,聪明而富有想象力,行动迟缓,怯懦,不善交往。	《红楼梦》中的林黛玉

(2)高级神经活动类型学说。

巴甫洛夫认为,人的大脑两半球皮层和皮层下部位是高级神经活动的器官,是心理活动的物质基础,由此提出高级神经活动类型学说。

①高级神经活动特性。

巴甫洛夫运用条件反射实验的方法,揭示了动物高级神经系统活动的两个基本神经过程:兴奋和抑制,以及它们的三种基本特性即强度、平衡性和灵活性。根据特性的组合,又将高级神经活动划分为兴奋型、活泼型、安静型和抑制型四种类型。

高级神经活动类型	神经过程的基本特性			高级神经活动类型的特征
	强度 (定义:兴奋和抑制的强度,包括神经细胞承受刺激的上下限度和持久性)	平衡性 (定义:兴奋和抑制两种神经过程之间强度的对比,兴奋强于抑制或反之情况,都是平衡)	灵活性 (定义:兴奋和抑制两种神经过程转换的速度)	
兴奋型	强	不平衡	—	易激动,不易约束
活泼型	强	平衡	灵活	容易兴奋,较灵活
安静型	强	平衡	不灵活	难以兴奋,迟钝
抑制型	弱	—	—	难以形成条件反射,容易疲劳

②高级神经活动特性表现。

高级神经活动在人的心理行为活动中的表现,可以从敏感性、耐受性、敏捷性、灵活性、外向或内向五个方面来看。

高级神经活动特性表现	含义	多血质	胆汁质	黏液质	抑郁质
敏感性	对刺激物的感受性	低	低	低	高
耐受性	对外界刺激作用时间和强度的耐受程度	高	高	高	低
敏捷性	不随意动作的反应速度和一般心理过程进行的速度	不随意反应性强	反应的不随意性占优势	不随意反应低	不随意反应低
灵活性	对外界环境适应的难易程度	反应速度快而灵活	反应迅速而不灵活	反应速度慢且具有稳定性	反应慢且具有刻板性和不灵活性
外向或内向	反映了神经过程平衡性问题,兴奋强的人外向,兴奋弱的人内向	外向性、可塑性	外向性明显	明显内向	严重内向

【知识拓展】

托马斯-切斯的婴儿气质类型;布雷泽尔顿的气质类型。

1.托马斯-切斯的婴儿气质类型。托马斯-切斯通过对父母的访谈,从活动水平、节律性、注意的转移、趋向退缩、注意的持久性、适应性、反应强度、反应阈值和心境质量九个维度将婴儿气质分为三种类型。容易型,约占40%的婴儿,主要表现为活动规律性强,一般处于积极、愉快的情绪中,对新事物和陌生人的接受程度较高,容易受到成人的喜爱;困难型,约占10%的婴儿,主要表现为规律混乱,时常处于强烈情绪中,易大哭、大闹、发脾气,对新事物接受度较低,不容易接受成人的安慰;迟缓型,约占15%的婴儿,主要表现为反应强度弱,情绪比较消极、不愉快,对新环境的反应程度和适应过程较缓慢,可以随着成人的安抚或者年龄的增长逐渐适应。另外,35%的婴儿处于中间或过渡状态。

2.布雷泽尔顿的气质类型。布雷泽尔顿将婴儿气质划分为三种基本类型。活泼型,即典型的"连哭带斗"地来到人世,照料时脚挺直,用脚踢,不受外界刺激而随机哭啼,并且从深睡到大哭之间似乎没有较长的过渡阶段。安静型,出生就不活跃,动作柔和、缓慢,很少情绪激动,就连打针也不哭闹。一般型介于活泼型和安静型之间,大多数婴儿都属于这一类。

2.学前儿童气质的特点

(1)学前儿童气质具有稳定性。

学前儿童气质与生俱来,出现最早,变化最缓慢。学前儿童的气质相比儿童其他个性特征更具有稳定性,如婴儿早期好动的特征,幼儿期后也能保持相对的稳定。

(2)学前儿童气质具有可变性。

学前儿童气质会发生变化,如后天的生活环境、教育等发生改变可能会引起其气质的变化或恢复,但变化过程是比较缓慢的。受后天影响,学前儿童气质也可能会被"掩蔽",即可能出现原有气质类型没有改变,而改变了行为模式或出现了新的气质。

(3)学前儿童气质没有好坏之分。

每一种气质都既有积极的一面,也有消极的一面,没有好坏之分,需要长善救失,发挥积极因素,克服消极因素。

(三)学前儿童的气质与教育

	要点	具体阐释
学前儿童的气质与教育	(1)了解学前儿童气质特点	①教师可以通过儿童游戏、学习和同伴交流等活动对学前儿童进行反复的细致观察,如在集体中观察学前儿童是否退缩、积极参与等。 ②进行定期的观察记录,并与气质特征进行对比。
	(2)正确看待学前儿童气质类型	①平等地看待所有气质类型。每一种气质都既有积极的一面,也有消极的一面,气质没有好坏之分,因此,要对学前儿童的气质进行平等的理解和引导,需要长善救失,发挥积极因素,克服消极因素。 ②不轻易对学前儿童气质类型下结论。原因是学前儿童的气质仍在发展中,具有可塑性;在实际生活中纯粹属于某种气质类型的人很少,婴幼儿一种行为特征可能是多种气质的反映,要反复观察,谨慎对待。
	(3)多元化手段顺应学前儿童的气质类型	根据不同气质类型设计多样化的教育教学活动和适当的教育方式,动静结合、集体与自由活动结合,以照顾不同的学前儿童。
	(4)有差别地进行气质补偿教育	①对胆汁质的学前儿童:培养勇敢进取、豪放的品质,防止任性、粗暴。 ②对多血质的学前儿童:培养热情开朗的性格及稳定的兴趣,防止粗枝大叶、虎头蛇尾。 ③对黏液质的学前儿童:培养积极探索精神及踏实、认真的特点,防止墨守成规、谨小慎微。 ④对抑郁质的学前儿童:培养机智、敏锐和自信心,防止疑虑。

三、学前儿童性格的发展

（一）性格的概述

1.性格的概念

性格是表现在人对现实的态度和惯常的行为方式中比较稳定的个性心理特征。

（1）性格表现在人对现实的态度和行为方式上，是主观对客观世界的反映，性格是后天逐渐形成的，性格有好坏之分。

（2）性格是人格中最具核心意义的心理特征。

2.性格和气质的区别与联系

比较的角度		性格	气质
区别	起源	主要后天形成	主要先天具备
	可塑性	可塑性较强，较容易改变	可塑性弱，变化缓慢
	社会评价	好坏之分	无所谓好坏之分
	表现范围	范围较广，表现人对现实的态度特征	主要表现动力特征，突出表现人的情绪方面的特征
联系		气质影响性格的速度和动态，性格可以改造和影响气质。	

3.性格的类型

分类依据	分类	主要表现
按占优势的心理机能	理智型	理智是衡量一切活动的主要标准，并支配自己的活动。
	情绪型	以情绪支配为主，内心体验强，情绪不稳定。
	意志型	自制力强，果断，易刚愎自用。
	中间型	处在理智型、情绪型和意志型之间的非典型性格。
根据内倾、外倾和稳定、不稳定程度	外向型	心理活动指向外部世界，活泼好动、热情大方、善于交际、情绪外露。
	内向型	心理活动指向内部世界，一般以自我为出发点，情绪体验深刻，内部思考活动丰富，情绪内倾。
根据自我结构	独立型	具有坚定的自我信念，不依赖于别人，不易受他人暗示，倾向于独立思考、独立发现并独立解决问题。
	依赖型	易受他人暗示，遇突发事情易惊慌失措，往往倾向于寻求他人的帮助。

（二）学前儿童性格的发展

1.学前儿童性格的特点

学前儿童性格萌芽的关键期是婴儿期,3岁左右学前儿童出现了最初的性格差异,幼儿期是学前儿童性格的初步形成期。其中,学前儿童性格具有如下年龄特点:

①活泼好动。

②好奇好问。

③易受暗示,模仿性强。

④好冲动,自制力差。

2.影响学前儿童性格形成和发展的因素

（1）遗传的作用,如人的神经系统和气质。

（2）家庭的影响,如父母的家庭教养方式、学历、为人处世的能力、陪伴时间与方式、婚姻状况等因素。

（3）幼儿园教育的作用。幼儿园教育和教学的引导影响着学前儿童性格的形成。教师的榜样、示范,幼儿园集体组织及其活动,特别是班集体的相处模式、舆论等,对学前儿童性格的形成也有重要作用。

（4）社会环境的影响,如大众传媒、社会价值观。

（5）社会实践活动的影响,如学前儿童参与的社会实践活动、旅游、乡村劳动体验等。

（三）学前儿童性格的培养

	要点	具体阐释
如何进行学前儿童性格的培养	①进行良好的榜样示范	父母、教师要以身作则,可以充分利用学前儿童日常生活接触到的英雄人物、身边同伴树立典型,在活动中发掘和树立榜样。
	②提供参与各种积极的集体活动和实践的机会	参与集体活动有利于塑造和影响学前儿童的性格,应进行适当的集体活动引导,纠正学前儿童不良的性格特征。
	③及时进行个别指导	教师应该及时观察和了解学前儿童的性格,制订相应的个别实施方案,对性格品质优秀的儿童要进行巩固,对性格劣质的学生进行有针对性的具体指导。
	④创设良好氛围和家庭环境	积极创设良好积极的集体活动氛围和家庭教育环境。
	⑤强化良好的性格,克服性格方面缺点	应及时巩固学前儿童的良好性格,进行表扬和鼓励,并指出不良性格特征,加强克服和引导。
	⑥进行思想品德教育	通过生动活泼的活动,培养学前儿童良好的品德和良好的道德习惯。

四、学前儿童能力的发展

（一）能力的概述

1.能力的概念

能力是人们成功地完成某种活动所必须具备的个性心理特征。

（1）能力与活动是相辅相成的关系。

（2）从事某一活动必须以能力为前提,完成活动也需要多种能力的结合。

（3）能力水平会影响活动是否能顺利开展及活动开展的效率高低。

2.能力、知识和技能的比较

比较的角度		能力	知识	技能
区别	含义	人们成功地完成某种活动所必须具备的个性心理特征。	对事物及人类社会历史经验的能动反映。	通过练习形成的合乎规则或程序的身体和认知活动方式。
	对象范畴	心理水平的概括	认知经验的概括	身体和认知活动方式的概括
	概括水平	较抽象	具体	具体
	发展水平	较慢	较快	需要不断地练习
	发展是否有限	没有限度	没有限度	有一定限度
联系	1.知识、技能是能力形成和发展的基础,掌握系统的知识和技能有助于能力的增长,但不必然导致能力的发展。 2.能力是对知识、技能的概括、系统化和迁移的结果,能力的高低会影响知识的掌握和技能学习的深浅、水平和难易。 3.能力、知识和技能的发展水平不同步。			

3.能力的类型

分类依据	分类	概念
根据能力适应活动	一般能力	从事大多数活动所共同需要的能力,包括观察能力、记忆能力、思维能力、想象能力和注意能力,其中思维能力是一般能力的核心。
	特殊能力	又称专业能力,从事某种专业领域或特殊活动所表现出来的能力,如舞蹈能力、绘画能力、演说能力等。

续表

分类依据	分类	概念
根据能力的功能	认知能力	知识信息处理和加工的能力,如学习、理解、分析、总结等能力。
	操作能力	操作和运动的能力,如田径、写字、开车等能力。
	社会交往能力	在人际交往方面所表现出来的能力,如情绪体验、人际关系调整、组织管理等能力。
根据从事活动的创造性程度	创造能力	产生新思想、新产品的能力,如科技创造能力、文学创作能力等。
	模仿能力	模仿他人从事某种活动的能力,如模仿唱歌的能力、模仿玩游戏的能力等。

（二）学前儿童能力的发展

学前儿童能力的发展受多方面因素的影响,教师开展有计划、有组织、有目的的教育教学活动,便是有意提高儿童认知、操作和情感等方面能力的集中体现。

1.学前儿童能力发展的个体差异

能力发展的差异	主要表现
类型上的差异	主要体现在同一个儿童能力类型水平不一样,不同儿童能力类型优势不一样,如社交能力的差异、认知能力的差异、创作和模仿能力的差异等等。
水平上的差异	主要表现在同一能力上,不同儿童的能力发展水平具有差异性,如智力水平的不同等。
时间上的差异	主要表现在同一能力,不同儿童出现或表现出来的时间有早晚差异,如有的儿童写字能力出现较早,有的则出现较晚。

2.学前儿童能力发展的特点

（1）操作能力被最早表现,尤其是3岁前儿童在智力中占较大比重的为视觉跟踪、知觉探求、社会性反应能力、手的灵活性。

（2）言语能力、模仿能力、认知能力发展迅速,处在儿童成长发育的关键期。

（3）特殊能力萌芽,如绘画能力、演唱能力等。

（4）创造能力萌芽,创造欲望较强,好奇心、想象力丰富。

（5）主导能力萌芽,表现出不一样的能力差异。

3.智力

（1）概念:智力是指儿童在认识活动中表现出来以思维能力为核心的综合能力,一般主要指儿童的认知能力,包括观察能力、记忆能力、注意能力、思维能力、想象能力等。

（2）智力理论及其代表人物和主要观点。

智力理论	代表人物	主要观点
智力结构论	卡特尔	人的智力分为:流体智力和晶体智力。流体智力主要受先天素质的影响,是在信息加工和问题解决中表现出的能力,如类比、推理等能力。20岁以后发展至顶峰,30岁以后随年龄增长而降低。晶体智力主要受后天社会文化学习影响,是以掌握社会知识为基础的能力,如语言学习、文化学习、举一反三等能力,它是长期学习的结果。25岁后晶体能力趋于平缓或提高,一生都可能存在,主要取决于后天的学习。
智力二因素论	斯皮尔曼	人的智力包括两个因素:一般因素和特殊因素,前者决定人的基本心理潜能,是决定人能力高低的主要因素(是智力结构的基础和关键),后者是保证人完成特定作业或活动的因素。
智力三维结构论	吉尔福特	将智力划分为三个维度:内容、操作和产品。内容是智力活动的对象,包括听觉、视觉、符号、语义和行为;操作是智力活动的过程,包括认知、记忆、发散思维、聚合思维、评价;产品是运用操作得到的预期成果,包括单元、类别、体系、关系、转换、内涵,因此人的智力有$5 \times 5 \times 6 = 150$种。
三元智力理论	斯滕伯格	三元智力:成分智力、情境智力和经验智力。
多元智能理论	加德纳	人的心理能力至少包括8种不同的智能,它们在人身上的不同组合使每个人都表现出不同的特点。8种智能分别是语言智能(如诗人、作家、记者等)、逻辑—数学智能(如科学家、工程师等)、空间智能(如建筑师、航海家等)、肢体—动觉智能(如演员、运动员等)、音乐智能(如作曲家、歌手等)、人际智能(如教师、政治家等)、内省智能(如哲学家、心理学家等)和自然观察智能(如考古学家、农夫等)。

（3）智力的测验。

①智力测验的概念。智力测验是按照量表测定个体的智力。

②智商及计算方法。由测量结果与常模平均水平进行比较而得出的结果即为智力商数(简称"智商"),如果一个人智龄与实际年龄相对,则智商就为100,正常人的智商大多为85~115。其计算方法为:

$$IQ = \frac{MA(心智年龄)}{CA(实际年龄)} \times 100$$

③学前儿童常见智力测验量表。《中国比内测验》(吴天敏1982年主持修订,范围为2~18岁儿童)、《韦克斯勒学龄前和学龄初期儿童智力量表》(修订)(适用于4~6岁儿童)、《格塞尔发展程序量表》(修订)(适用于7~6岁的儿童神经心理发展评价)、《丹佛

智能筛选测验》(修订)(适用于区分儿童智力发展是否正常)等。

(4)学前儿童智力发展特点：

①智力结构随着学前儿童年龄增长表现出越来越复杂化、复合化和抽象化的特点。

②智力发展不是等速的,先快后慢。

③总体来看,学前儿童智力发展的个性差异性较大,存在超常儿童和智力落后儿童,存在性别差异,学前期女童智力发展得相对较早。

(三)学前儿童能力的培养

	要点	具体阐释
如何进行学前儿童能力的培养	①正确看待学前儿童的能力水平	要正确了解儿童的能力,以保护和引导发展的心态对待儿童的各项能力水平,切忌揠苗助长。
	②提供并设计丰富多样的活动	根据儿童的实际能力水平,利用多种教具,设计多种的适应多种能力发展的活动,让儿童在活动中发展多项能力。
	③引导相关知识技能的学习	根据儿童身心发展规律,提供适当的知识拓展和学习,有利于提高儿童的能力。
	④保护儿童的求知欲、创造力和特殊能力	支持和鼓励儿童的创作力,激发儿童的学习兴趣,根据儿童身心特征合理安排适宜的兴趣活动。

五、学前儿童自我意识的发展

(一)自我意识的概述

1.自我意识的概念

自我意识即个体对自己及自己同周边事物关系的看法和态度,是人类区别于动物心理的重要标志。

2.自我意识的特点

(1)分离感:即意识到自我与他人、主观与客观是分离、不同的。

(2)稳定的同一感:即意识到无论外在环境以及自己如何变化,都能始终认识到自己是同一个人。

3.自我意识的结构

（1）自我认识→知：即自己认识自己的认知表现，它是自我意识的首要成分，是自我调节的心理基础，包括自我观察、自我分析和自我评价。

（2）自我体验→情：即自我的情感体验表现，包括自尊感（自尊心）和自信感（自信心）。当社会评价满足个体的自尊需要时，个体就产生自尊感，推动自我奋发向上，追求更高价值。当一个人对自己完成某一任务的能力进行自我评估就会伴随自信感的产生，自我评估过高则容易自高自大，自我评估过低则容易自卑。

（3）自我调控→意：指自我意识在意志和活动方面的表现，包括自我检查、自我监督和自我控制。自我检查，即自己对目的和结果加以对比与评估的过程，以保证自己的活动顺利实现；自我监督，即以自我的良心和内在的准则为尺度进行自我管理与监督；自我控制，即对自己行为和心理进行调节与管理。

4.自我意识的作用

（1）促进个体心理健康。

（2）更好地胜任工作及相关活动。

（3）处理好人与人之间的关系。

（4）帮助调节自己的期望。

（二）学前儿童自我意识的发展

1.婴儿自我意识的发展

（1）1岁前：仍处在自我感觉的阶段，突出表现为不能意识到自己的存在，不能区分自己的手脚是身体的一部分，不能把自己作为主体同客体区分。

（2）1~2岁：处于自我认识的阶段，以婴儿动作的发展为前提，开始学会走路，逐渐认识自己身体的各个部分及动作产生的原因，但还不能明确区分自己和他人的身体存在。

（3）2~3岁：处于自我意识萌芽的阶段，重要标志是出现以"我"或者"我的"来称呼自己，即意识到了自我的存在及与外在物体的关系，这时自我意识开始产生，自我评价开始出现。

2.幼儿自我意识的发展

一旦开始意识到以"我"来称呼自己时，就意味着自我意识的产生，因此幼儿时期儿童自我意识便在自我认识（集中在自我评价）、自我体验和自我调控（集中在自我控制）方面具有了不同的发展特征。

	结构	子结构	发展特征
幼儿自我意识的发展	自我认识的发展	自我评价	①依赖成人的评价,尊重权威,即身边亲近的人对自己的评价往往成为自己对自己的评价,直至学前晚期对不符合自己的评价会提问、反驳等。 ②评价主观情绪性强,往往过高评价自己,缺乏客观的标准和依据。 ③受认知水平限制,自我评价维度过于简单和笼统,呈现内容具体,局限于外部行为,只有评价没有依据。 ④3~4岁儿童自我评价发展迅速。
	自我体验的发展	—	①具有不断深化及体验深刻的发展过程,由浅到深、由生理性体验到社会性体验。 ②3岁左右儿童出现自尊,自信随着认知等不断地发展,逐渐建立,但存在较大差异。 ③易受成人评价影响的暗示性,年龄越小越明显。
	自我调控的发展	自我控制	①主要处于遵从和认同阶段,表现在自制力、自觉性和坚持性方面,总体自控能力较差。 ②3~4岁儿童自我控制能力还不明显,4~5岁儿童出现变化,5~6岁儿童有一定发展。 ③整体呈现出从他人控制到自我控制、从不会自我控制到慢慢开始学会自我控制的过渡阶段。

（三）学前儿童自我意识的培养

	要点	具体阐释
如何进行学前儿童自我意识的培养	①提供自我评价的机会	通过提问、游戏活动等方式逐渐引导学前儿童自我概念的形成以及自我评价的完善。
	②激发学前儿童参与活动的兴趣,进行适当鼓励和表扬	鼓励自主探索,通过问题的解决获得自我胜任感,逐渐建立起学前儿童的自尊感和自信感,帮助学前儿童正确了解自己和评价自己。
	③创建平等良好的环境	公平地评价学前儿童,保持评价的客观性和积极影响;提供丰富的交际环境。
	④引导学前儿童养成良好的生活和卫生习惯,鼓励学前儿童做力所能及的事情,提高自控能力	让儿童保持有规律的生活,养成良好的作息习惯,如早睡早起、每天午睡、按时进餐、吃好早餐等;帮助学前儿童养成良好的饮食习惯,如合理安排餐点、引导他们不偏食、不挑食;帮助学前儿童养成良好的个人卫生习惯,如早晚刷牙、饭后漱口等。
	⑤保持教育影响的一致性	家园合作,父母、教师之间保持一致性,进行沟通交流,正确引导学前儿童自我意识的培养。

▲【真题链接】

一、单项选择题

1.(2012年上半年《保教知识与能力》)培养机智、敏锐和自信心,防止疑虑、孤独,这些教育措施主要是针对( )。

　　A.胆汁质的儿童　　　　　　　　　B.多血质的儿童

　　C.黏液质的儿童　　　　　　　　　D.抑郁质的儿童

【答案】D。解析:疑虑、孤独是抑郁质儿童的特点,题干的教育措施是针对这类儿童的。

2.(2012年下半年《保教知识与能力》)幼儿意识到自己和他人一样都有情感、有动机、有想法,这反映幼儿( )。

　　A.个性的发展　　　　　　　　　　B.情感的发展

　　C.社会认知的发展　　　　　　　　D.感觉的发展

【答案】A。解析:幼儿广义的个性心理结构是由个性倾向性、个性心理特征、自我意识、心理过程和心理状态构成。幼儿意识到自己和他人一样都有情感、有动机、有想法,这反映幼儿个性的发展。

3.(2013年下半年《保教知识与能力》)渴望同伴接纳自己,希望自己得到老师的表扬,这种表现反映了幼儿( )。

　　A.自信心的发展　　　　　　　　　B.自尊心的发展

　　C.自制力的发展　　　　　　　　　D.移情的发展

【答案】B。解析:自信心是一个人对自身能力自我发展的肯定。自尊心是指个体对自己所持有的评价,它表达的是一种肯定或否定的态度。明确个体在多大程度上相信自己是有能力的、重要的、成功的和有价值的。自制力是一种善于控制自己的情绪、支配自己行动的能力。移情是指一个人感受到他人的情感、知觉和思想的心理现象,包括认知和情绪两个成分。

4.(2015年上半年《保教知识与能力》)让脸上抹有红点的婴儿站在镜子前,观察其行为表现,这个实验测试的是婴儿哪方面的发展?( )。

　　A.自我意识　　　B.防御意识　　　C.性别意识　　　D.道德意识

【答案】A。解析:自我意识是人对自己身心状态及对自己与客观世界的关系的看法和态度,是个性结构的重要组成部分。自我意识包括三个层次:对自己及其状态的认识,对自己肢体活动状态的认识,对自己思维、情感、意志等心理活动的认识。让脸上抹有红点的婴儿站在镜子前,观察婴儿对自己身体状态的认识,属于测试其自我意识方面的发展。

5.(2019年下半年《保教知识与能力》)人的个性心理特征中,出现最早、变化最缓慢的是( )。

　　A.性格　　　　　B.气质　　　　　C.能力　　　　　D.兴趣

【答案】B。解析:气质具有天赋性、遗传性、稳定性,是出现最早、变化最缓慢的。

6.(2020 年下半年《保教知识与能力》)明明总是跑来跑去,在班级里也非常活跃。他的行为主要反映了其气质的(　　)。

A.趋避性低　　　　　　　　　B.反应域限高

C.节律性好　　　　　　　　　D.活动水平高

【答案】D。解析:本题考查的是幼儿的气质特征。一个活动水平高的幼儿爱动,总是喜欢跑来跑去;相反,一个活动水平低的幼儿,不怎么跑动,可以安静地坐很久。题干中幼儿跑来跑去,表现活跃是活动水平高的表现。

7.(2021 年下半年《保教知识与能力》)下列选项中不符合幼儿自我评价特点的是(　　)。

A.依从性　　　　B.表面性　　　　C.主观情绪性　　　　D.全面性

【答案】D。解析:幼儿主要依赖成人的评价,到了幼儿晚期,开始出现独立评价。自我评价常常带有主观情绪性,随着年龄的增长和生活经验的丰富逐渐出现客观性。受认识水平的影响很大,自我评价比较笼统,局限于外部行为,只有评价没有依据。

二、简答题

1.(2013 年上半年《保教知识与能力》)简述幼儿期自我评价发展的趋势并举例说明。

【答题要点】

自我评价是自我认识的核心成分。自我评价就是一个人在对自己认识的基础上对自己的评价。三四岁时,幼儿自我评价发展迅速。

(1)主要依赖成人的评价。

(2)自我评价常常带有主观情绪性。

(3)自我评价受认识水平的限制。

2.(2021 年上半年《保教知识与能力》)教师应当如何对待不同气质的幼儿? 请举例说明。

【答题要点】

(1)了解幼儿的气质特点。①教师可以通过幼儿游戏、学习和同伴交流等活动进行反复的细致观察,如在集体中观察幼儿是否退缩、积极参与等。②进行定期的观察记录,并与气质特征进行对比。

(2)正确看待幼儿气质类型。平等看待所有气质类型,对幼儿气质进行平等的理解和引导,需要长善救失,发挥积极因素,克服消极因素。不轻易对幼儿的气质类型下结论。

(3)多元化手段顺应幼儿的气质类型。根据不同气质类型设计多样化的教育教学活动和适当的教育方式,动静结合、集体与自由活动结合,以照顾不同的幼儿。

(4)有差别地进行气质补偿教育。①对胆汁质的儿童:培养勇敢进取、豪放的品质,防止任性、粗暴。②对多血质的儿童:培养热情开朗的性格及稳定的兴趣,防止粗枝大叶、虎头蛇尾。③对黏液质的儿童:培养积极探索的精神及踏实、认真的特点,防止墨守成规、谨小慎微。④对抑郁质的儿童:培养机智、敏锐和自信心,防止疑虑。不同气质类型可以有针对性地进行培养。

三、材料分析题

（2016 年下半年《保教知识与能力》）材料

在一项行为实验中，教师把一个大盆子放到幼儿面前，对幼儿说："这里面有一个很好玩的玩具，一会儿我们一起玩，现在我要出去一下，你等我回来。我回来前，你不能打开盒子看，好吗？"幼儿回答："好的！"教师把幼儿单独留在房间里，下面是两名幼儿在接下来的两分钟独处时的不同表现：

幼儿一：眼睛一会儿看墙角，一会儿看地上，尽量不让自己看面前的盒子。小手也一直放在自己腿上。教师再次进来问："你有没有打开盒子看？"幼儿说："没。"

幼儿二：忍了一会儿，禁不住打开盒子偷偷看了一眼。教师再次进来问："你有没有打开盒子看？"幼儿说："没有，这个玩具不好玩。"

问题：请分析上述材料中两名幼儿各自表现出的行为特点。

【答题要点】

（1）自我控制反映的是一个人对自己行为的调节、控制能力，包括独立性、坚持性和自制力等。

（2）幼儿期自我意识各方面的发展有个基本规律：3~4 岁期间，儿童自我评价迅速发展；4~5 岁期间，儿童的自我控制迅速发展，从主要受他人控制发展到自己控制，从不会自我控制到使用控制策略，儿童自我控制的发展受父母控制特征的影响。

（3）材料中幼儿一自我控制能力较好，并且能够使用控制策略，通过看看墙角、看看地上等其他行为转移自己的注意力，避免看盒子；而幼儿二的自我控制能力则较弱，对控制策略的使用相对幼儿一则较差。

▲【国赛链接】

1.（2016 年国赛）教师要依据幼儿的个体差异进行教育，下列现象不属于幼儿个体差异表现的是（   ）。

　　A.某幼儿往常吃饭很慢，今天为了得到教师的表扬，吃得很快

　　B.有的幼儿吃饭快，有的幼儿吃饭慢

　　C.某幼儿动手能力很强，但语言能力弱于同龄幼儿

　　D.男孩通常比女孩表现出更多的身体攻击行为

【答案】A。解析：个别差异指幼儿个体之间在性格、智力、认知方式等方面的差异，A 选项未体现幼儿之间的比较。

2.（2013 年国赛）材料：奇奇是这样一个孩子：他胆子小，上课不主动发言，即便发言，小脸也涨得通红，声音很小，特别害怕失败与挫折，他也不爱与同伴交往，老师和小朋友邀请他时，他总是把头摇得像拨浪鼓似的……

阅读材料，回答下面的问题：

（1）造成奇奇性格胆小的可能因素有哪些？

（2）你觉得该怎样帮助奇奇？

【答题要点】

(1)①遗传的作用,如人的神经系统和气质。

②家庭的影响,如父母的家庭教养方式、学历、为人处世的能力、陪伴时间与方式、婚姻状况等因素。

③幼儿园教育的作用。幼儿园的教育和教学的引导影响着儿童性格的形成。教师的榜样、示范,幼儿园集体组织及其活动,特别是班集体的相处模式、舆论等,对形成儿童的性格也有重要作用。

④社会环境的影响,如大众传媒、社会价值观等。

⑤社会实践活动的影响,如幼儿参与的社会实践活动、旅游、乡村劳动体验等。

(2)进行良好的榜样示范;提供参与各种积极的集体活动和实践的机会;创设良好氛围和家庭环境;强化良好的性格,克服性格方面缺点;进行思想品德教育等。

【能力拓展】

一、项目名称

3~6岁幼儿气质调查。

二、项目内容

利用 NYLS 3~7 岁儿童气质量表进行幼儿气质调查,分析该儿童的气质类型和主要特点,并提出针对性教育措施意见和建议。

三、实施建议

调查样本选取应不低于 30 个,提前与需要调查的家长进行沟通,明确调查时间和要求,准备好相应的纸质或电子问卷,及时做好整理、收集相关工作。

四、气质调查量表

引自汪向东《心理卫生评定量表手册》。

3~7岁儿童气质量表

亲爱的家长:您好!

这份问卷是希望得到您小孩的"气质"资料。所谓气质,就是小孩对身体内在或外来刺激反应的方式,也就是小孩在每天生活里不同情况下的行为表现。气质是天生的,没有什么好坏的分别,但是,每个小孩生下来就有气质的个别差异,而气质不同的小孩需要不同的照应,由这份资料,我们可以得知您的小孩的气质特征,让您更了解您的小孩,并帮助您以更适合小孩气质特征的教养方式,协助他(她)健全地发育、有效地学习。

问卷所列的题目,每题都以从不、非常少、偶尔有一次、有时、时常、经常是、总是七种尺度来衡量,请最了解孩子的抚养者填写,您在填写时请根据孩子最近一年内的行为表现,与他(她)同龄的其他孩子比较后做出适合的选择。如果您的小孩这题所述的行为从没发生过圈1,非常少圈2,偶尔有一次圈3,有时圈4,时常圈5,经常是圈6,总是圈7,若某个项目所设定的情形是您的孩子从未经历过的(如15题"到别人家里……"而您的孩子至今未去过别人家),则请您在题后注明"不适用",答案请勿填在方格中。

谢谢您的合作!

编号

☐☐☐☐☐1—5

☐6

☐☐☐☐☐☐7—12

☐☐☐☐☐☐13—18

儿童姓名：_____ 性别：1.男 2.女

出生日期：_____年_____月_____日

填表日期：_____年_____月_____日

填表人与孩子关系：_____

联系地址：_____ 联系人姓名：_____ 邮编：_____ 电话：_____

	从不	非常少	偶尔 有一次	有时	时常	经常是	总是	
1.洗澡时，把水泼得到处都是，玩得很活泼。	1	2	3	4	5	6	7	☐19
2.和其他小孩子在一起玩时，显得很高兴。	1	2	3	4	5	6	7	☐20
3.嗅觉灵敏，对一点点不好闻的味道很快就能感觉到。	1	2	3	4	5	6	7	☐21
4.对陌生的大人会感到害羞。	1	2	3	4	5	6	7	☐22
5.做一件事时，例如，画图、拼图、做模型等，不论花多少时间，一定要做完才肯罢休。	1	2	3	4	5	6	7	☐23
6.每天定时大便。	1	2	3	4	5	6	7	☐24
7.以前不喜欢吃的东西，现在愿意吃。	1	2	3	4	5	6	7	☐25
8.对食物的喜好反应很明显，喜欢的很喜欢，不喜欢的很不喜欢。	1	2	3	4	5	6	7	☐26
9.心情不好时，可以很容易地用笑话逗他开心。	1	2	3	4	5	6	7	☐27
10.遇到陌生的小朋友时，会感到害羞。	1	2	3	4	5	6	7	☐28
11.不在乎很大的声音，例如，其他人都抱怨电视机或飞机的声音太大时，他好像不在乎。	1	2	3	4	5	6	7	☐29
12.如果不准穿他自己选择的衣服，他很快就能接受妈妈要他穿的衣服。	1	2	3	4	5	6	7	☐30
13.每天要定时吃点心。	1	2	3	4	5	6	7	☐31
14.当宝宝谈到一些当天所发生的事情时，显得兴高采烈。	1	2	3	4	5	6	7	☐32
15.到别人家里，只要去过两三次后，就会很自在。	1	2	3	4	5	6	7	☐33
16.做事做得不顺利时，会把东西摔在地上，大哭大闹。	1	2	3	4	5	6	7	☐34

	从不	非常少	偶尔有一次	有时	时常	经常是	总是	
17.逛街时,他很容易接受大人用别的东西取代他想要的玩具或糖果。	1	2	3	4	5	6	7	□35
18.不论在室内或室外活动,宝宝常用跑而少用走的。	1	2	3	4	5	6	7	□36
19.喜欢和大人上街买东西(例如上市场或百货公司或超级市场)。	1	2	3	4	5	6	7	□37
20.每天上床后,差不多一定时间内就会睡着。	1	2	3	4	5	6	7	□38
21.喜欢尝试吃新的食物。	1	2	3	4	5	6	7	□39
22.当妈妈很忙无法陪他时,他会走开去做别的事,而不会一直缠着妈妈。	1	2	3	4	5	6	7	□40
23.很快注意到各种不同的颜色(例如会指出哪些颜色不好看)。	1	2	3	4	5	6	7	□41
24.在游乐场玩时,很活跃,静不下来,会不断地跑,爬上爬下,或扭动身体。	1	2	3	4	5	6	7	□42
25.如果他拒绝某些事,例如理发、梳头、洗头等,经过几个月后,他仍会表示抗拒。	1	2	3	4	5	6	7	□43
26.当他在玩一件喜欢的玩具时,对突然的声音或身旁他人的活动不太注意,顶多只是抬头看一眼而已。	1	2	3	4	5	6	7	□44
27.玩得正高兴而被带开时,他只是轻微的抗议,哼几声就算了。	1	2	3	4	5	6	7	□45
28.经常提醒父母答应他的事(例如什么时候带他去那里玩等)。	1	2	3	4	5	6	7	□46
29.和别的小孩一起玩,会不友善地和他们争论。	1	2	3	4	5	6	7	□47
30.到公园或别人家玩时,会去找陌生的小朋友玩。	1	2	3	4	5	6	7	□48
31.晚上的睡眠时数不一定,时多时少。	1	2	3	4	5	6	7	□49
32.对食物的冷热不在乎。	1	2	3	4	5	6	7	□50

	从不	非常少	偶尔 有一次	有时	时常	经常是	总是	
33.对陌生的大人,如果感到害羞的话, 很快(约半小时之内)就能克服。	1	2	3	4	5	6	7	□51
34.人家唱歌、读书、说故事时,他会安 静地坐着。	1	2	3	4	5	6	7	□52
35.当父母责骂他时,他只有轻微的反 应,例如只是小声地骂或抱怨,而不 会大哭大叫。	1	2	3	4	5	6	7	□53
36.生气时,很难转移他的注意力。	1	2	3	4	5	6	7	□54
37.学习一项新的体能活动时(例如溜 冰、骑脚踏车、跳绳子等),他肯花 很多的时间练习。	1	2	3	4	5	6	7	□55
38.每天肚子饿的时间不一定。	1	2	3	4	5	6	7	□56
39.对光线明暗的改变相当敏感。	1	2	3	4	5	6	7	□57
40.和父母在外过夜时,在别的床上不 易入睡,甚至持续几个晚上还是 那样。	1	2	3	4	5	6	7	□58
41.盼望去上托儿所、幼儿园或小学。	1	2	3	4	5	6	7	□59
42.和家人去旅行时,很快地就能适应 新环境。	1	2	3	4	5	6	7	□60
43.和家人一起上街买东西时,如果父 母不给他买他要的东西(例如:糖 果、玩具或衣服)便会大哭大闹。	1	2	3	4	5	6	7	□61
44.烦恼时,很难抚慰他。	1	2	3	4	5	6	7	□62
45.天气不好,必须留在家里时,会到处 跑来跑去,对安静的活动不感兴趣。	1	2	3	4	5	6	7	□63
46.对来访的陌生人,会立刻友善地打 招呼或接近他。	1	2	3	4	5	6	7	□64
47.每天食量不定,有时吃得多,有时吃 得少。	1	2	3	4	5	6	7	□65
48.玩一样玩具或游戏,碰到困难时,就 会很快换别的活动。	1	2	3	4	5	6	7	□66
49.不在乎室内、室外的温度差异。	1	2	3	4	5	6	7	□67

	从不	非常少	偶尔 有一次	有时	时常	经常是	总是	
50.如果他喜欢的玩具坏了或游戏被中断了,他会显得不高兴。	1	2	3	4	5	6	7	□68
51.在新环境中(例如:托儿所、幼儿园或小学),两三天后仍无法适应。	1	2	3	4	5	6	7	□69
52.虽然不喜欢某些事,例如剪指甲、梳头等,但是一边看电视或一边逗他时,他可以接受这些事。	1	2	3	4	5	6	7	□70
53.能够安静地坐下来看完整个儿童影片、球赛、电视长片等。	1	2	3	4	5	6	7	□71
54.不喜欢穿某件衣服时,会大吵大闹。	1	2	3	4	5	6	7	□72
55.星期日的早上,他仍像平常一样按时起床。	1	2	3	4	5	6	7	□73
56.当事情进行得不顺利时,他会向父母抱怨别的小朋友(说其他小朋友的不是)。	1	2	3	4	5	6	7	□74
57.对衣服太紧,对会刺人或不舒服相当敏感,且会抱怨。	1	2	3	4	5	6	7	□75
58.他的生气或懊恼情绪很快就会过去。	1	2	3	4	5	6	7	□76
59.日常活动有所改变时(例如因故不能去上学或每天固定的活动改变),很容易就能适应。	1	2	3	4	5	6	7	□77
60.到户外(公园或游乐场)活动时,他会静静地自己玩。	1	2	3	4	5	6	7	□78
61.玩具被抢时,他只是稍微抱怨而已。	1	2	3	4	5	6	7	□79
62.第一次到妈妈不在的新环境中(例如学校、幼儿园、音乐班)时,会表现得烦燥不安。	1	2	3	4	5	6	7	□80
63.开始玩一样东西时,很难转移他的注意力,使他停下。	1	2	3	4	5	6	7	□81
64.喜欢做些较安静的活动,例如劳作、看书、看电视。	1	2	3	4	5	6	7	□82
65.玩游戏输时,很容易懊恼。	1	2	3	4	5	6	7	□83
66.宁愿穿旧衣服,而不喜欢穿新衣服。	1	2	3	4	5	6	7	□84
67.身体被弄脏或弄湿时,并不在乎。	1	2	3	4	5	6	7	□85

	从不	非常少	偶尔有一次	有时	时常	经常是	总是	
68.对于和自己家里不同的生活习惯很难适应。	1	2	3	4	5	6	7	□86
69.对于每天所遭遇的事情，反应不强烈。	1	2	3	4	5	6	7	□87
70.吃饭的时间延迟一小时或一小时以上也不在乎。	1	2	3	4	5	6	7	□88
71.烦恼时，让他做别的事，可以使他忘记烦恼。	1	2	3	4	5	6	7	□89
72.宝宝做事时，虽然给了他一些建议或协助，他仍然依照自己的意思做。	1	2	3	4	5	6	7	□90

NYSL 3~7 岁儿童气质量表评分方法

活动量		规律性		趋避性		适应度		反应强度	
题号	小　　　大	题号	无规律　有规律	题号	退缩　　接近	题号	低　　　高	题号	微弱　　强烈
1	1 2 3 4 5 6 7	6	1 2 3 4 5 6 7	4	7 6 5 4 3 2 1	7	1 2 3 4 5 6 7	8	1 2 3 4 5 6 7
18	1 2 3 4 5 6 7	13	1 2 3 4 5 6 7	10	7 6 5 4 3 2 1	15	1 2 3 4 5 6 7	16	1 2 3 4 5 6 7
24	1 2 3 4 5 6 7	20	1 2 3 4 5 6 7	21	1 2 3 4 5 6 7	25	7 6 5 4 3 2 1	27	7 6 5 4 3 2 1
34	7 6 5 4 3 2 1	31	7 6 5 4 3 2 1	30	1 2 3 4 5 6 7	33	1 2 3 4 5 6 7	35	7 6 5 4 3 2 1
45	1 2 3 4 5 6 7	38	7 6 5 4 3 2 1	42	1 2 3 4 5 6 7	40	7 6 5 4 3 2 1	43	1 2 3 4 5 6 7
53	7 6 5 4 3 2 1	47	7 6 5 4 3 2 1	46	1 2 3 4 5 6 7	51	7 6 5 4 3 2 1	54	1 2 3 4 5 6 7
60	7 6 5 4 3 2 1	55	1 2 3 4 5 6 7	62	7 6 5 4 3 2 1	59	1 2 3 4 5 6 7	61	7 6 5 4 3 2 1
64	7 6 5 4 3 2 1	70	1 2 3 4 5 6 7	66	7 6 5 4 3 2 1	68	7 6 5 4 3 2 1	69	7 6 5 4 3 2 1

情绪本质		坚持度		注意分散度		反应阈	
题号	负向　　正向	题号	低　　　高	题号	不易　　　易	题号	低　　　　高
2	1 2 3 4 5 6 7	5	1 2 3 4 5 6 7	9	1 2 3 4 5 6 7	3	7 6 5 4 3 2 1
14	1 2 3 4 5 6 7	12	7 6 5 4 3 2 1	17	1 2 3 4 5 6 7	11	1 2 3 4 5 6 7
19	1 2 3 4 5 6 7	22	7 6 5 4 3 2 1	26	7 6 5 4 3 2 1	23	7 6 5 4 3 2 1
29	7 6 5 4 3 2 1	28	1 2 3 4 5 6 7	36	7 6 5 4 3 2 1	32	1 2 3 4 5 6 7
41	1 2 3 4 5 6 7	37	1 2 3 4 5 6 7	44	7 6 5 4 3 2 1	39	7 6 5 4 3 2 1
50	7 6 5 4 3 2 1	48	7 6 5 4 3 2 1	52	1 2 3 4 5 6 7	49	1 2 3 4 5 6 7
56	7 6 5 4 3 2 1	58	7 6 5 4 3 2 1	63	7 6 5 4 3 2 1	57	7 6 5 4 3 2 1
65	7 6 5 4 3 2 1	72	1 2 3 4 5 6 7	71	1 2 3 4 5 6 7	62	1 2 3 4 5 6 7

◇【本章思考与练习】

一、识记知识

（一）单项选择题

1.一般认为,学前儿童的个性开始形成的年龄在(　　)。

A.1 岁以前　　　　　　B.1~2 岁　　　　　　C.3~6 岁　　　　　　D.7 岁以后

2.(　　)受先天影响较大,遗传色彩最浓,并与人的生理特点有最直接的关系。

A.个性　　　　　　B.气质　　　　　　C.能力　　　　　　D.自我意识

3.活泼好动,思维敏捷,有朝气,喜欢与人交往,做事粗枝大叶,注意力、情绪情感不稳定,该类儿童的气质类型可能是(　　)。

A.胆汁质　　　　　　B.多血质　　　　　　C.黏液质　　　　　　D.抑郁质

4.黏液质儿童神经过程的基本特征是(　　)。

A.强、平衡、不灵活　　　　　　　　B.强、不平衡、灵活

C.弱、平衡、不灵活　　　　　　　　D.弱、不平衡、灵活

5.学前儿童性格的典型特征不包括(　　)。

A.喜欢交往　　　　　　B.模仿性强　　　　　　C.好奇好问　　　　　　D.情绪稳定

6.从性格划分上来看,一般多以自我为出发点,情绪体验深刻,内部思考活动丰富的性格类型属于(　　)。

A.理智型性格　　　　　　　　B.独立型性格

C.内向型性格　　　　　　　　D.非典型性格

7.学前儿童能力发展中,最早表现的能力是(　　)。

A.言语能力　　　　　　　　B.认知能力

C.思维能力　　　　　　　　D.操作能力

8.提出智力是多元的,主要由语言智能、数学逻辑智能、空间智能、音乐智能等 8 种智能构成的代表人物是(　　)。

A.斯皮尔曼　　　　　　　　B.吉尔福特

C.加德纳　　　　　　　　D.斯滕伯格

9.自我意识萌芽最重要的标志是(　　)。

A.自我分析的出现　　　　　　　　B.自尊感的出现

C.使用代词"我"　　　　　　　　D.会叫"妈妈"

（二）简答题

1.简述学前儿童个性的基本特点。

2.简述如何培养学前儿童的自我意识。

二、理解知识

1.一个安静的儿童无论在自己家里还是在别人家里都表现出安静的品质,这说明了个性具有(　　)。

　　A.稳定性　　　　　　　　　　　　B.独特性

　　C.差异性　　　　　　　　　　　　D.共通性

2.下列不属于学前儿童认知能力范畴的是(　　)。

　　A.理解　　　　　B.分析　　　　　C.交往　　　　　D.综合

3.关于能力、知识和技能之间关系的描述,下列表述错误的是(　　)。

　　A.知识的增长必然导致能力的增长

　　B.能力、知识和技能的发展水平是不同步的

　　C.能力的高低会影响知识掌握深浅

　　D.在概括水平上,能力比知识和技能更为抽象

4.教师上课发现多多精力充沛,易冲动但平息也快,直爽热情,往往缺乏自制力和耐心。由此可以判断多多可能属于哪种气质类型? (　　)

　　A.胆汁质　　　　B.多血质　　　　C.黏液质　　　　D.抑郁质

5.豆豆不会穿鞋,偏要自己穿,不会用筷子,偏要用筷子,这体现了幼儿(　　)。

　　A.情绪情感的发展　　　　　　　　B.自我意识的发展

　　C.认知的发展　　　　　　　　　　D.动作的发展

三、简单运用

1.论述影响学前儿童性格形成和发展的因素。

2.不同学前儿童不同能力出现或表现出来的时间有早晚差异,如有的学前儿童认知能力发展迅速,有的学前儿童舞蹈能力发展迅速,面对学前儿童能力发展存在的较大差异,教师应该注意哪些问题?

四、综合运用

1.材料:

多多是一个不太喜欢说话的孩子,平时就是看书、画画,一般一看书或者画画就会坚持很长时间,远远超过其他孩子活动的时间,而且爸爸妈妈发现,很多时候多多在外面与其他孩子交往时,被别人"欺负"明明已经很不开心了,但偏偏表现得像没有事情发生一样,也不太愿意对父母谈及,但做事情很沉稳、细心。

(1)根据以上多多的行为表现,你认为多多应该更侧重哪种气质类型? 为什么?

(2)谈谈如何对多多进行有针对性的教育?

2.材料：

小强是幼儿园中班的孩子,无论是在家里还是幼儿园总喜欢吃肉食,经常暴饮暴食,几乎很少吃瓜果、蔬菜等。爷爷奶奶和爸爸妈妈以及幼儿园老师多次告诉小强饮食一定要均衡,并引导小强慢慢开始多吃蔬菜,但小强就是无法控制自己,甚至在家里偷吃零食和各种肉食,虽然事后很后悔,但过了不久还是难以控制。

(1)请结合材料,运用儿童心理发展有关知识谈谈小强所处阶段自我调控能力发展的特点。

(2)如何引导小强进行自我调控能力的培养?

第十三章

学前儿童心理发展理论

■ 学习目标

1. 掌握关于学前儿童心理发展主要理论的内涵。
2. 理解不同理论的发展观的区别。
3. 能够运用理论分析学前儿童行为表现及发展规律。

■ 重点难点

重点:理解埃里克森的社会心理发展阶段理论、皮亚杰的发生认知理论、维果茨基的高级心理机能理论。

难点:理解埃里克森的社会心理发展阶段理论、皮亚杰的发生认知理论。

■ 本章导学/含考纲要点简要说明

本章讲授学前儿童心理发展理论。从历年幼儿园教师资格考试真题来看,本章所涉题型包括选择题、简答题和案例分析题,主要考查埃里克森、皮亚杰和维果茨基的理论,同时结合学前儿童心理发展年龄特点和学前教育学的知识进行考查。所以在学习时,一方面,要重点突出地学习与理解埃里克森、皮亚杰和维果茨基的理论;另一方面,还要兼顾其他心理学家的理论,并在实践中通过比较加深对这些理论的理解。

■ **本章思维导图**

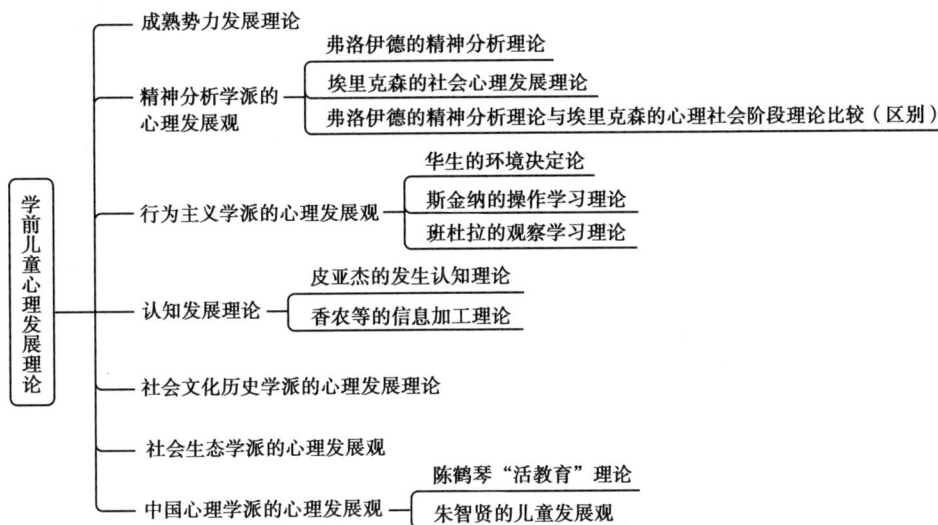

```
                    ┌── 成熟势力发展理论
                    │
                    │                        ┌── 弗洛伊德的精神分析理论
                    │   精神分析学派的        │
                    ├── 心理发展观      ──────┤── 埃里克森的社会心理发展理论
                    │                        │
                    │                        └── 弗洛伊德的精神分析理论与埃里克森的心理社会阶段理论比较（区别）
                    │
                    │                        ┌── 华生的环境决定论
  学                │                        │
  前                ├── 行为主义学派的心理发展观 ┤── 斯金纳的操作学习理论
  儿                │                        │
  童                │                        └── 班杜拉的观察学习理论
  心                │
  理 ───────────────┤                        ┌── 皮亚杰的发生认知理论
  发                ├── 认知发展理论    ──────┤
  展                │                        └── 香农等的信息加工理论
  理                │
  论                ├── 社会文化历史学派的心理发展理论
                    │
                    ├── 社会生态学派的心理发展观
                    │
                    │                        ┌── 陈鹤琴"活教育"理论
                    └── 中国心理学派的心理发展观 ┤
                                             └── 朱智贤的儿童发展观
```

🔍 **知识要点解析**

一、成熟势力发展理论

1.代表人物

美国儿科医生、儿童心理学家格塞尔。

2.基本观点

强调基因顺序规定着儿童生理和心理发展的理论,即成熟势力说发展理论。

3.著名实验

1929 年,双生子爬梯实验。

4.理论内容

（1）成熟的重要性:

①成熟是促进儿童心理发展的主要动力。

②学习的最终效果取决于成熟。

③在儿童心理发展过程中,成熟起着决定性作用。

（2）发展的方向性:

①具体地说就是由上而下、由中心向边缘、由粗大动作向精细动作发展。

②动作发展的方向性是由基因预先设置的。

③发展的方向性不仅表现在动作的发展方面,也体现在心理发展方面。

（3）发展的波动性：

①儿童心理发展呈波浪起伏的状态。

②2 岁、5 岁、10 岁都属于儿童的关键年龄,这三个年龄既是前一个小周期的终点,又是下一个小周期的起点。

③行为周期的完成,最终使儿童心理达到良好的平衡。

④格塞尔揭示的行为周期,为父母和教师客观理解儿童行为的阶段特征和采取正确对待的方法提出了要求。

5.评价

（1）将成熟概念用于自己的理论中,使心理过程中的生物因素变得更加确切和具体。

（2）该理论过分夸大了生理成熟的作用,忽视了儿童心理发展的其他条件,是不可取的。

二、精神分析学派的心理发展观

（一）弗洛伊德的精神分析理论

1.理论名称

精神分析理论。

2.代表人物

奥地利精神病医师、心理学家、精神分析学派创始人弗洛伊德。

3.理论依据

治疗神经衰弱症及其他精神疾病的临床实践。

4.主要观点

（1）人格结构由本我（遵循快乐原则）、自我（遵循现实原则）和超我（遵循道德原则）构成。

（2）每个儿童都要经历几个先后有序的发展阶段,儿童在这些阶段中获得的经验决定了其人格特征。

（3）弗洛伊德相信成年人格实际上在生命的第五年就已形成。

（4）心理性欲发展阶段理论:弗洛伊德以身体不同部位获得性（广义的,包括生殖活动,如吸吮、排便、抚摸等）冲动的满足为标准,将儿童心理发展划分为五个阶段,即心理性欲阶段,包括口唇期（0~1 岁）、肛门期（1~3 岁）、性器期（3~6 岁）、潜伏期（6~12 岁）、生殖期（12 岁以后开始）。

（5）人在个性发展方面的许多差异都是由上述各个发展阶段进展的不同造成的。现在的心理特征或病症可以追溯到过去,追溯到幼儿期。

5.评价

弗洛伊德的理论并非基于实证研究,而是基于访谈法或临床法,很难进行验证。他的理论还过分关注性感受和性唤起,也遭受很多质疑。但是,弗洛伊德提出的人的早期经验会对今后的发展产生重要影响的观点一直具有广泛的影响力。

（二）埃里克森的社会心理发展理论

1.理论名称

社会心理发展理论。

2.代表人物

美国发展心理学家、精神分析学家埃里克森。

3.理论依据

精神分析的临床实验。

4.主要观点

(1)人的自我意识形成和发展会持续一生,共分为八个阶段。这八个阶段的顺序是由遗传决定的。每一阶段能否顺利度过却是由环境决定的。

(2)这八个阶段中的每一个阶段都不可忽视,任何年龄段的教育失误都会给一个人的终身发展造成障碍。

(3)埃里克森的人格发展八个阶段及相应的发展危机和发展任务见下表。

人格发展阶段	年龄/岁	发展危机	发展任务
婴儿期	0~1 岁	信任对不信任	发展信任感,克服不信任感,体验希望的实现
儿童早期	1~3 岁	自主对害羞、怀疑	获得自主感,克服害羞和怀疑,体验意志的实现
学前期	3~6 岁	主动对内疚	获得主动感,克服内疚感,体现目的的实现
学龄期	6~12 岁	勤奋对自卑	获得勤奋感,克服自卑感,体现成就的实现
青春期	12~18 岁	同一性对同一性混乱	建立自我同一性,防止同一性混乱,体现忠实的实现
成年早期	18~25 岁	亲密对孤独	获得亲密感,克服孤独感,体现爱情的实现
成年中期	25~65 岁	繁殖对停滞	获得繁殖感,克服停滞感,体现关怀的实现
成年晚期	65 岁以后	自我调整对失望	获得完善感,克服失望和厌倦感,体现智慧的实现

（4）在每一个心理社会发展阶段中,解决了核心问题之后所产生的人格特质,都包括了积极与消极两方面的品质。

（5）如果各个阶段都保持向积极品质发展,就算完成了该阶段的任务,逐渐实现了健全的人格,否则就会产生心理社会危机,出现情绪障碍,形成不健全的人格。

5.评价

埃里克森强调个体与社会环境的相互作用,重视家庭、社会对儿童教育的作用。这无疑是精神分析学派的一大进步。

（三）弗洛伊德的精神分析理论与埃里克森的社会心理发展理论比较

弗洛伊德的精神分析理论与埃里克森的社会心理发展理论比较见下表。

弗洛伊德的精神分析理论	埃里克森的社会心理发展理论
强调本能	强调自我
把儿童放在母亲、父亲的关系上研究	把儿童放在社会关系上研究
研究阶段到青春期	研究阶段为人的一生
人的本性是恶的	人的本性不善也不恶,有两种可能

三、行为主义学派的心理发展观

（一）华生的环境决定论

1.著名实验

恐惧形成实验。

2.基本观点

行为主义发展理论认为心理学是研究外部行为的科学,人和动物的行为并没有本质的区别。

3.华生的儿童心理发展理论

（1）认为人的发展完全是由外界环境决定的。

（2）认为心理学不应该研究意识,而应该研究行为。

（3）行为的基本要素是刺激与反应,公式表述为:S-R。

（4）习惯就是条件反射的形成,条件反射就是习惯的单位。

（5）有两个因素影响儿童习惯的形成:

①年龄。小年龄的儿童比大年龄的儿童更容易形成习惯。

②练习的分配。学习,最好是采用分散的方式。分散学习的效果比集中突击学习的效果更好。

(6)评价:华生否定遗传的作用,片面夸大教育和环境的作用,忽视人的主观能动性,陷入了教育万能论。

(二)斯金纳的操作学习理论

1.著名实验

用"斯金纳箱"对白鼠和鸽子进行实验,提出了操作性条件反射理论。

2.基本观点

(1)刺激—反应是一种应答行为。

(2)最常见的是操作行为。

(3)强化在行为的获得上起关键作用。

(4)强化作用是塑造行为的基础。

(5)操作行为是更大量、更普遍、更有效的学习方式。

3.如何形成儿童的良好习惯

(1)强化是推进习惯形成和巩固的唯一措施。

(2)规范行为的多次发生,就变成了习惯。

(3)对于儿童已形成的不良习惯,也可以通过行为主义的方法加以矫正,其关键就是不予强化。

(4)斯金纳主张用消退来代替惩罚。他认为,惩罚可能会在一段时间内压制不当行为的发生,但并不能消除不当行为。

(5)评价:斯金纳的操作学习理论在塑造儿童的良好行为及消除儿童的不良行为习惯上有很大的实践价值。当前,在职业教育阶段,"及时强化"和"小步调的原则"是十分有效的原则,能起到良好的效果。

(三)班杜拉的观察学习理论

1.著名实验

波波玩偶实验。

2.基本观点

学前儿童看到别人的行为得到强化时,也能学习到新行为,这种通过观察别人的行为和强化的学习,叫观察学习。观察学习是一种更为普遍、有效的学习。观察学习的四个过程:注意过程、保持过程、运动复现、强化和动机过程。

3.评价

班杜拉的观察学习理论,强调要全面理解人类的发展,必须超越对外部刺激和反应的单纯研究。该理论在许多方面渐渐压倒了经典条件反射和操作条件反射理论。

四、认知发展理论

（一）皮亚杰的发生认知理论

1.代表人物

瑞士儿童心理学家皮亚杰。

2.经典实验

三山实验、守恒实验、钟摆实验。

3.主要观点

（1）内部心理结构的变化：

①图式的变化是通过同化、顺应、平衡三个过程来实现的。

②平衡是同化作用和顺应作用两种机能的平衡。

③没有平衡就没有发展。

（2）影响心理发展的因素：成熟、物理环境、社会环境、平衡。

①成熟，是指儿童的身体，尤其是神经系统和内分泌系统的成熟。这是儿童心理发展的必要条件。

②物理环境，指个体在与物体的相互作用中获得的经验。皮亚杰十分重视数理逻辑经验。

③社会环境，主要是指社会生活、文化教育、语言等。

④平衡：

● 平衡是认知结构的固有功能，是儿童心理发展的决定性因素。

● 认知结构是在先天动作的基础上发展起来的。

● 认知结构的调整就是不断追求平衡化的自动调节过程。

● 自动调节是生命有机体固有的特性。

● 平衡化的结果是使人更好地适应环境。

（3）儿童认知发展阶段，见下表。

阶段	年龄	特征
感知运动阶段	0~2岁	智慧动作萌发 直觉行动思维 获得"客体永久性"

续表

阶段	年龄	特征
前运算阶段	2~7岁	用语言与他人交往 能进行"延迟模仿"和"象征性游戏" 不守恒、不可逆 自我中心 万物有灵论(泛灵论)
具体运算阶段	7~11岁	具体事物支持运算 守恒、可逆
形式运算阶段	11岁以后	抽象运算

(4)儿童认知中的自我中心。

①皮亚杰向我们揭示,儿童思维的核心特点是自我中心,"三山实验"就是反映儿童认知自我中心的明证。

②儿童的自我中心不仅表现在外部行为上,也表现在儿童的语言、表象和逻辑中。

●不守恒,儿童在大多数场合下,都认为对象就是他们直接感知的那样,而不懂得从事物的内部关系观察事物。

●思维的自我中心反映在儿童分不清自我和客体的界限,容易相互混淆。最典型的是儿童分不清想象与现实的界限,经常把自己想象的事当作真实的事来说,导致不明事理的成人指责他们"说谎",从而蒙受不白之冤。

●思维的自我中心也表现在儿童有强烈的"拟人化倾向",即"泛灵论"。

●思维的自我中心还表现在儿童对规则的认识是单向的,只知道规则是由权威人士制订的、必须遵守的。10岁以后,儿童才进入自律阶段。

4.评价

皮亚杰是20世纪最有影响力的心理学理论家之一,他为心理学的发展做出了巨大贡献。他的研究积累了大量的关于儿童发展的经验资料,其中许多资料激发了以后的研究。他提出的儿童认知发展阶段论、相互作用论,对今天的儿童教育具有重要的指导意义。

(二)香农等的信息加工理论

1.理论名称

信息加工理论。

2.代表人物

香农、罗伯特·里尔登。

3.理论依据

以计算机系统为理论基础。

4.主要观点

信息加工理论认为认知发展是连续的,而非阶段式的。大脑像计算机一样拥有硬件和软件:硬件指大脑和边缘系统等生理构造;软件是记忆、注意推理和问题解决等认知加工。该理论认为,大脑和神经系统的成熟能够加快儿童对信息加工的速度,除此之外,人们所处的文化环境及所接受的家庭和学校的教育都会对其信息加工能力产生影响。

5.评价

信息加工理论研究者采用非常严密和精深的研究方法,能够让人们识别出儿童是如何解决问题的,以及他们常犯的逻辑错误的原因,这具有实际应用价值。但是,这种理论基于实验室研究,不能真实反映儿童日常生活的思维,其适用性遭受质疑。

五、社会文化历史学派的心理发展理论

1.理论名称

高级心理机能理论。

2.代表人物

苏联心理学家维果茨基。

3.理论依据

马克思辩证唯物主义理论,对心理学生物学化的反思。

4.基本观点

维果茨基认为,儿童的心理是在社会文化历史的影响下发生和发展的。社会交往是儿童心理发展的条件。在社会条件下,儿童通过教育,高级心理机能才能得到充分发展。

5.理论内容

(1)人的心理发展过程:

①天然的、自然的发展过程,即心理种系发展过程。

②历史文化发展过程,即心理的"人化"过程。

(2)心理机能分类见下表。

维度	低级心理机能	高级心理机能
内容	感觉、知觉、不随意注意、形象记忆、情绪、冲动性意志、直观的动作思维等。	观察、随意注意、词的逻辑记忆、抽象思维、高级情感、预见性意志等。

维度		低级心理机能	高级心理机能
特点	表现特点	都是不随意的、被动的,是由外部事物引起的。	随意的、主动的,是由主体按照预定的目的而自觉引起的。
	反映水平	感性的、形象的、具体的	概括的、抽象的,都有思维的参与。
	实现过程的结构	直接的,不需要语言作为中介工具	间接的,必须经由语言作为中介工具。
	心理机能的起源	种系发展的产物,是自然发展的产物,都受生物学的规律所支配。	是社会历史发展的产物,受社会规律所制约。
	发展机制	伴随着神经系统的发展而发展的。	在人际交往活动过程中产生和发展的。
人与动物心理机能的关键差异		一切动物的心理机能从其结构上看都是直接的,而人的高级心理机能则比低级心理机能多一个中介环节,语言是最重要的心理工具,心理工具的使用使人的心理机能发生了质的变化。	

（3）教育与发展的关系。

①教育的可能性由它的最近发展区决定:

• 只有走在发展的前面对发展加以引导,才是好的教育。

• 如果教育不是瞄准最近发展区,而只是将已经完成的发展系统作为目标,这种教育是没有意义的,充其量只是发展的尾巴。

②儿童的发展特点:

• 维果茨基认为,在儿童的发展中,教育的性质具有若干个极限点。

第一个极限点是3岁以前的儿童,他们是按照"自己的大纲"进行学习的。第二个极限点是学龄儿童在学校里跟老师学习。

• 幼儿园的教育处在自发型与反应型之间,也就是自发—反应型教学。

• 幼儿园教育的根本任务就在于如何帮助儿童从按照"自己的大纲"学习,转变为按"教师的大纲"学习,进而发展为按照"自己的大纲"学习。

• 通过幼儿园教育,实现学习的转变,发展儿童的心理,这是一个难题,为此,维果茨基又提出了一个新概念,即学习的最佳期限。

• 在儿童的心理发展中,维果茨基十分重视心理的整体发展。儿童及其意识的发展中最本质的发展是儿童个性的发展与成长,是儿童总的意识的发展与成长。

6.评价

维果茨基的高级心理机能理论对西方心理学产生了巨大的影响,对我国教育教学改革工作也起到了积极作用,成为我国教育教学改革的指南,但最近发展区概念不精确,不好实施。

六、社会生态学派的心理发展观

1.**理论名称**

布朗芬布伦纳的生态系统理论。

2.**代表人物**

美国心理学家布朗芬布伦纳。

3.**理论依据**

系统论。

4.**主要观点**

(1)微观系统是环境层次的最里层,指儿童大部分时间直接接触的环境,包括家庭、幼儿园和小区等。微观系统是一个动态的发展系统,生活在其中的个体会相互影响。

(2)中间系统指微观系统中的各个环境成分之间的相互联系。家庭和学校等系统之间有积极一致的支持性联系,儿童将最大可能得到适宜的发展。

(3)外部系统在中间系统之外,指儿童虽未直接参与但仍然对其发展造成影响的环境系统,包括父母的工作环境、家庭的朋友关系和社区对家庭的影响。父母的朋友及其行为都会对儿童产生影响。

(4)宏观系统是最外层的系统,指儿童所处社会的文化、亚文化和社会阶层背景,包括某种文化的态度倾向、价值观、法律和规范等。宏观系统通过影响其他系统并最终作用于儿童。

(5)时间系统指社会历史事件的发生和个体生理的发展变化对儿童发展产生的影响。

(6)各系统之间以及系统与个体之间的相互作用影响着个体的成长、发展和学习。如果个体所处的每个系统之间的联结是和谐的、积极的,他就能健康成长;若各系统之间存在冲突与矛盾,个体的成长就会受到负面的影响。因此,需要学校、家庭和社会等各个系统的相互配合,为儿童的成长营造一个良好的生态环境。

5.**评价**

布朗芬布伦纳的生态系统理论把个体置于不同层级的环境中,具有一定的理论意义,微观系统中父母与儿童之间的相互影响与相互作用,中间系统中学校与家庭对儿童的影响具有一定的实践意义。

布朗芬布伦纳生态系统理论的局限性:首先,过分强调环境对发展的作用,忽略了生物性,即遗传对人类的影响;其次,布朗芬布伦纳并未提出一个人类发展系统的理论模式。布朗芬布伦纳生态系统理论的优点:首先,扩大了心理学研究中环境的概念;其次,从多方面促进儿童的发展;最后,强调发展的动态性。布朗芬布伦纳的理论对儿童发展的环境影响提供了与众不同和全面的解释,值得我们进一步研究。

七、中国心理学派的心理发展观

（一）陈鹤琴"活教育"理论

1.理论名称

"活教育"理论。

2.代表人物

中国著名儿童教育家、儿童心理学家陈鹤琴。

3.理论依据

批判传统教育的弊端、吸纳当时（20世纪初）新的教育理念，并进行中国化教育实践探索。

4.主要观点

（1）目的论：做人，做中国人，做现代中国人。

（2）课程论：大自然、大社会都是活教材。不排斥书本，但是书本应是现实世界的写照，应能在自然、社会中找到原形，并提出能体现儿童生活整体性和连贯性的"五指活动"：儿童健康活动、儿童社会活动、儿童科学活动、儿童艺术活动、儿童文学活动。

（3）教学论：做中教，做中学，做中求进步。以"做"为基础，确立学生的主体性。教师不是直接告知学生结果，而是予以启发、诱导。活教育教学的四个步骤：实验观察、阅读思考、创作发表和批评研讨。

（4）儿童观：热爱儿童，了解儿童，才能教育儿童；儿童不同于成人，应运用游戏的方式对儿童施加教育影响。

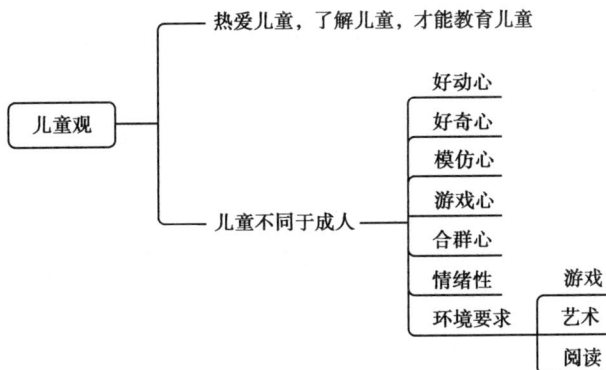

5.评价

陈鹤琴开创了中国儿童心理学科，《儿童心理之研究》成为中国儿童心理学创立的标志。其教学游戏化思想至今仍然在指导着我国幼儿园教育。

（二）朱智贤的儿童发展观

1.代表人物

中国著名教育家、心理学家朱智贤。

2.理论依据

批判传统教育的弊端、吸纳当时（20 世纪初）新的教育理念、结合马克思辩证唯物主义进行教育中国化的探索。

3.主要观点

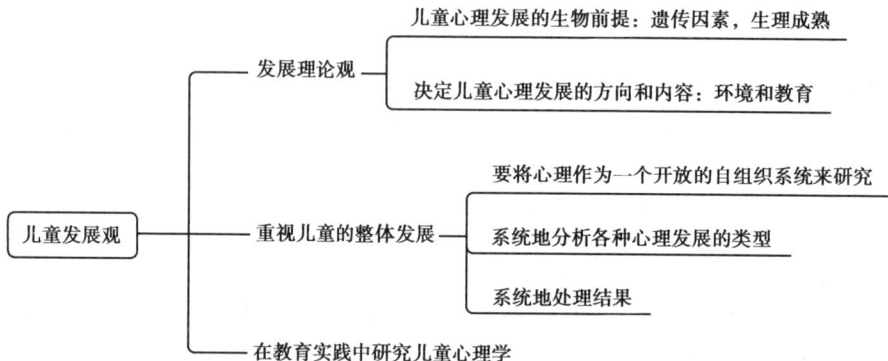

4.评价

朱智贤是中国最系统地研究儿童发展心理学的专家，其理论对我国儿童心理学研究产生了深远而重大的影响。

▲【真题链接】

一、单项选择题

1.(2016 年上半年《保教知识与能力》)教师拟定教育活动目标时，以幼儿现有发展水平与可以达到水平之间的距离为依据，这种做法体现的是(　　)。

    A.维果茨基的最近发展区理论　　　　　　B.班杜拉的观察学习理论

    C.皮亚杰的认知发展理论　　　　　　　　D.布鲁纳的发展教学法

【答案】A。解析:维果茨基的最近发展区，是指儿童能够独立表现出来的心理发展水平和儿童在成人指导下所能够表现出来的心理发展水平之间的差距。维果茨基认为，良好的教学是教学任务落在儿童最近发展区内的教学。

2.(2015 年下半年《保教知识与能力》)班杜拉的社会认知理论认为(　　)。

    A.儿童通过观察和模仿身边人的行为学会分享

    B.操作性条件反射是儿童学会分享最重要的学习形式

    C.儿童能够学会分享是因为儿童天性本善

    D.儿童学会分享是因为成人采取了有效的奖惩措施

【答案】A。解析:班杜拉特别重视观察学习、认知因素和自我调节在新行为习得上的重要作用。观察学习是班杜拉社会学习理论的核心。

3.(2014年上半年《保教知识与能力》)照料者对婴儿的需求应给予及时回应是因为:根据埃里克森的观点,在生命中第一年的婴儿面临的几种冲突是(　　)。

　　A.主动性对内疚　　　　　　　　　　　B.基本信任对不信任

　　C.自我统一性对角色混乱　　　　　　　D.自主性对害羞

【答案】B。解析:根据埃里克森人格发展的八阶段理论,婴儿期(0~1.5岁)面临的基本冲突是信任和不信任的冲突。

4.(2014年下半年《保教知识与能力》)按皮亚杰的观点,2~7岁儿童的思维处于(　　)。

　　A.具体运算阶段　　　　　　　　　　　B.形式运算阶段

　　C.感知运算阶段　　　　　　　　　　　D.前运算阶段

【答案】D。解析:考点为皮亚杰的发生认知理论。详见教材原文。

5.(2021年上半年《保教知识与能力》)"做人,做中国人,做现代中国人"这一教育目的的提出者是(　　)。

　　A.张雪门　　　　　　B.陶行知　　　　　　C.陈鹤琴　　　　　　D.张宗麟

【答案】C。解析:考点为陈鹤琴"活教育"理论,详见教材原文。

二、简答题

(2015年上半年《保教知识与能力》)简述班杜拉社会学习理论的主要观点。

社会学习理论认为学习来自对他人的观察,并强调行为榜样的影响性。班杜拉特别重视观察学习、认知因素和自我调节在新行为习得上的重要作用。班杜拉将学习分为直接学习和观察学习两种形式。直接学习指个体表现出某种行为后得到强化进而产生学习的过程。而观察学习指个体通过观察他人的行为及其受到的强化而进行学习的过程,是班杜拉社会学习理论的核心。班杜拉认为,人类的大部分行为是通过观察学习获得的。观察学习分为四个具体过程:①注意过程;②保持过程;③复制过程;④动机过程。

三、论述题

(2016年上半年《保教知识与能力》)论述教师尊重幼儿个体差异的意义与举措。

【答题要点】

《指南》强调了"尊重幼儿发展的个体差异,要充分理解和尊重幼儿发展过程中的个别差异,支持和引导他们从原有水平向更高水平发展"的实施原则。

(1)加德纳多元智力理论。

(2)个体差异性的概念。

(3)幼儿个别差异类型:幼儿性别差异、幼儿智力差异、幼儿性格差异、幼儿学习类型差异。

(4)措施:

①寻找最近发展区,实施分层教学。

②教学方法、补偿模式、治疗模式、个别化教育方案、性向与教学处理交互作用模式。

四、材料分析题

(2017 年下半年《保教知识与能力》)

材料:操场上新安装了一个投篮架。幼儿经常在这里玩投篮游戏。一天,几个幼儿带着笔刷和水桶来到这里,他们先是快乐地粉刷投篮架,之后开始往篮筐里灌水,有的从上面灌,有的从下面灌,再灌,再接……相互配合,反反复复,忙得不亦乐乎。

问题:

是否应支持这些幼儿的行为? 请说明理由。

(1)教师应该支持幼儿的游戏活动。

(2)具体理由如下:

①游戏是幼儿主动的、自愿的活动方式。教师应站在幼儿的角度,给幼儿时间和空间去探索、思考,提供条件,鼓励和支持幼儿去验证自己的想法。材料中的幼儿有自己的想法,能够创造出"粉刷"和"灌水"的游戏,体现出幼儿正在进行自主的游戏活动,并且在游戏中反反复复,忙得不亦乐乎,也体现出这是伴随幼儿愉悦情绪的游戏活动,教师应予以支持。

②玩游戏是幼儿的天性,幼儿好奇、好问、好动、好玩,对此,教师应支持、保护幼儿的好奇心,激发其兴趣,鼓励幼儿勇于探索的精神。材料中的幼儿自发、主动地拿着笔刷与水桶对篮球架其他功能与用途进行积极的探索,这一行为正是幼儿好奇、好问、好动、好玩天性的体现。因此,教师应尊重幼儿身心发展的特点,保护幼儿的天性并给予合理的引导。

③教师应尽量满足幼儿游戏活动的各种需要,从物质和精神上对幼儿的游戏活动予以支持,推动游戏活动不断地向更高水平迈进。材料中的幼儿能够相互配合,共同进行游戏活动,说明幼儿的合作能力在游戏活动中得到了发展,教师可以通过引导幼儿讨论或者通过增加多种材料的方式继续推动幼儿游戏活动向更高水平迈进。

④幼儿园以活动为中介,通过各种活动促进幼儿的发展。教师可以通过一日生活或游戏等多种形式活动的开展使其身心得到全面发展,材料中幼儿的行为就是教学外的一种积极的情绪体验与科学探究精神的萌芽,对此,教师应给予精心的呵护。

综上所述,教师应支持幼儿的游戏活动,并通过游戏促进幼儿认知、社会性、情绪情感、智力等方面的发展。

▲【国赛链接】

1.(2018 年国赛题)最近发展区存在于儿童心理发展的(　　)。

　A.任何时候　　　　　　　　B.关键期

　C.最佳期　　　　　　　　　D.敏感期

【答案】A。解析:考点为社会文化历史学派的心理发展理论,详见教材原文。

2.(2018年国赛题)格塞尔的双生子爬楼梯的实验说明( )在一定程度上制约儿童的心理和行为的发展。

A.遗传素质 　　　　　　　　B.生理成熟

C.环境和教育 　　　　　　　D.实践活动

【答案】B。解析:考点为格塞尔成熟势力发展理论,详见教材原文。

3.(2018年国赛题)儿童社会行为的学习主要是通过体验自己的行动后果或通过观察别人的行动及他们所引起的后果而进行学习的。这是( )的主要理论假设。

A.精神分析理论 　　　　　　B.社会学习理论

C.认知发展理论 　　　　　　D.现代生态学理论

【答案】B。解析:考点为班杜拉的社会学习理论,详见教材原文。

4.(2018年国赛题)先将同样多的水装入相同的杯子让幼儿进行水量的比较,然后当着幼儿的面把其中的一杯水装入较为细长的水杯里,这时,幼儿一般会认为细长水杯中的水比粗短水杯中的水要多一些。这说明幼儿的思维具有( )。

A.可逆性 　　　　　　　　　B.不守恒性

C.守恒性 　　　　　　　　　D.自我中心化

【答案】B。解析:说明幼儿的思维具有不守恒性。

5.(2018年国赛题)"给我一打健全的儿童,我可以用特殊的方法任意地加以改变,或者使他们成为医生、律师……或者使他们成为乞丐和盗贼……"这种片面的观点突出强调的是( )对儿童心理发展的作用。

A.遗传因素 　　　　　　　　B.生理成熟

C.环境和教育 　　　　　　　D.先天因素

【答案】C。解析:这种观点突出强调的是环境和教育对儿童心理发展的作用。

6.(2018年国赛题)老师不喜欢吃胡萝卜就冲饭菜里的胡萝卜皱眉,幼儿发现后也不会想吃胡萝卜了。对于这种现象,老师最好的做法是( )。

A.说服教育,告诉幼儿胡萝卜十分有营养,指责幼儿,不应该浪费粮食

B.不喜欢吃胡萝卜还可以吃其他蔬菜

C.教育幼儿吃饭不挑食

D.老师自己做到不挑食

【答案】D。解析:从班杜拉社会学习理论来看,老师以身作则,树立不挑食的正面榜样,更有利于培养幼儿不挑食的好习惯。

7.(2018年国赛题)下列哪一实验揭示了儿童思维具有自我中心性( )。

A.延迟实验 　　　　　　　　B.陌生情境实验

C.点红实验 　　　　　　　　D.三山实验

【答案】D。解析:三山实验揭示了儿童思维具有自我中心性。

◇【本章思考与练习】

一、识记知识

(一) 单项选择题

1. 按照皮亚杰的观点,0~2岁儿童思维处于( )。
   A.具体运算阶段　　　　　　　　　　B.形式运算阶段
   C.感知运动阶段　　　　　　　　　　D.前运算阶段

2. 学前儿童心理发展潜能的主要标志是( )。
   A.最近发展区的大小　　　　　　　　B.潜伏期的长短
   C.最佳期的性质　　　　　　　　　　D.敏感期的特点

3. 根据皮亚杰的认知发展阶段论,3~6岁儿童属于( )阶段。
   A.感知运动　　　　　　　　　　　　B.前运算
   C.具体运算　　　　　　　　　　　　D.形式运算

4. 人出生头2~3年心理发展成就的集中表现是( )。
   A.手眼协调动作　　　　　　　　　　B.独立性的出现
   C.坚持性的出现　　　　　　　　　　D.分离焦虑的出现

5. 提出最近发展区理论的是( )。
   A.皮亚杰　　　　B.维果茨基　　　　C.杜威　　　　D.福禄贝尔

6. 用以控制儿童情绪的"消退法",其理论依据是( )。
   A.行为主义理论　　　　　　　　　　B.认知理论
   C.人本主义理论　　　　　　　　　　D.精神分析理论

7. 儿童能以命题形式思维,则其认知发展已达到( )。
   A.感知运动阶段　　　　　　　　　　B.前运算阶段
   C.具体运算阶段　　　　　　　　　　D.形式运算阶段

8. "孟母三迁"的故事说明,影响人的成长的重要因素是( )。
   A.母亲　　　　B.邻居　　　　C.环境　　　　D.成熟

9. 精神分析学派的创始人是( )。
   A.斯金纳　　　　　　　　　　　　　B.皮亚杰
   C.格塞尔　　　　　　　　　　　　　D.弗洛伊德

10. 华生认为,( )是人和动物用来适应环境的反应系统。
    A.行为　　　　B.反射　　　　C.强化　　　　D.观察

11. 斯金纳创制的( )对白鼠和鸽子进行实验,提出了操作性条件反射理论。
    A.悬崖实验　　　　　　　　　　　　B.斯金纳箱
    C.三山实验　　　　　　　　　　　　D.感觉剥夺试验

12. 社会学习论的代表人物是( )。
    A.班杜拉　　　　B.斯金纳　　　　C.华生　　　　D.格塞尔

13.维果茨基在儿童心理发展观上提出了（　　）。

A.阶段发展理论　　　　　　　　B.认知发展理论

C.人格发展理论　　　　　　　　D.最近发展区理论

（二）简答题

1.行为主义理论的基本观点有哪些？

2.成熟势力发展理论的基本观点是什么？

3.弗洛伊德心理发展理论的优点表现在哪些方面？

4.华生的儿童心理发展理论基本观点主要是什么？

5.皮亚杰认为影响心理发展的因素有哪些？

6.班杜拉的社会学习理论的基本观点是什么？

7.简述社会学习论的优点与不足。

8.维果茨基的儿童心理发展理论基本观点主要是什么？

二、理解知识

（一）单项选择题

1.下列不属于皮亚杰儿童心理发展阶段划分的是（　　）。

A.形式运算阶段　　　　　　　　B.具体运算阶段

C.前运算阶段　　　　　　　　　D.后运算阶段

2.弗洛伊德强调个性形成与（　　）有关。

A.儿童早期经验　　　　　　　　B.儿童身体状况

C.儿童的成熟　　　　　　　　　D.社会文化

3.华生认为影响儿童习惯的形成因素有（　　）。

A.强化　　　　　　　　　　　　B.遗传

C.练习的分配　　　　　　　　　D.观察

4.班杜拉认为观察学习是一种更为普遍的、有效的学习,它不包括（　　）。

A.注意过程　　　　　　　　　　B.保持过程

C.兴趣的养成　　　　　　　　　D.动机过程

5.皮亚杰认为影响儿童认知发展的因素有四个方面,下列（　　）不在其中。

A.成熟　　　　　　　　　　　　B.物理环境

C.社会环境的影响　　　　　　　D.平衡化

6.朱智贤的儿童发展观主要有（　　）。

A.儿童不同于成人　　　　　　　B.素质发展观

C.在教育实践中研究儿童心理学　D.重视儿童的特长发展

7.维果茨基认为只有走在（　　）前面的教学才是好的教学。

A.意识　　　　　　　　　　　　B.潜意识

C.最近发展区　　　　　　　　　D.发展

8.以下描述符合陈鹤琴的儿童观的是(　　　)。

A.重视儿童的整体发展　　　　　　　B.重视最近发展区教育

C.儿童不同于成人　　　　　　　　　D.在教育实践中研究儿童心理学

9.图式的变化是通过(　　　)过程来实现的。

A.成熟、经验、社会环境　　　　　　B.同化、顺应、平衡

C.同化、顺应、教育　　　　　　　　D.成熟、社会环境、教育

10.弗洛伊德的精神分析理论(　　　)。

A.强调自我　　　　　　　　　　　　B.把儿童放在社会关系上研究

C.强调本能　　　　　　　　　　　　D.研究阶段为人的一生

三、简单应用

1.分析皮亚杰的认知理论的主要观点及其在幼儿教育中的应用。

2.论述埃里克森人生发展八阶段理论。

四、综合运用

材料分析题

1.幼儿园开学了,小班的一名幼儿上课时不是坐不住,就是随便说话、乱动;午休时,别的小朋友都睡觉了,他怎么也不睡,非要玩玩具,这样一来,别的小朋友也不想睡觉,也想玩玩具。王老师看到这一情况,就对所有小朋友说:"谁先躺在床上睡10分钟,谁就可以先玩玩具,谁今天中午不睡觉,谁下午就不能玩玩具。"这时,小朋友们都迅速地跑到自己的床上安静地躺下了。

这是在幼儿园教学中经常遇到的问题,试结合行为主义学习理论对这位幼儿老师的做法进行分析。

2.一次,4岁女孩小玲与小朋友玩耍时说:"妈妈正在给我做西餐,妈妈做的西餐可好吃了!"其实,她妈妈做的饭菜不过是非常普通的米饭、炒菜,只是妈妈在一周前的星期天带她出去吃过西餐。在日常生活中,小玲还经常和小朋友或其他熟悉的人讲一些类似的事情,这让小玲的妈妈十分头疼。

(1)此案例中的小玲爱说谎吗?

(2)根据皮亚杰的儿童认知发展特点,简要分析此现象出现的原因。

(3)幼儿的这一现象对你的教育活动有什么启示?

参考文献

［1］王振宇.幼儿心理学［M］.2 版.北京:人民教育出版社,2012.

［2］刘新学,唐雪梅.学前心理学［M］.2 版.北京:北京师范大学出版社,2014.

［3］丁祖荫.幼儿心理学［M］.3 版.北京:人民教育出版社,2016.

［4］周劼,黄果.幼儿心理学学习指要［M］.2 版.重庆:重庆大学出版社,2019.

［5］张丽霞.学前儿童发展心理学［M］.武汉:华中师范大学出版社,2013.

［6］刘强,孙琴干.儿童行为观察与分析［M］.南京:南京大学出版社,2019.

［7］马继兴,王晶.幼儿心理与行为［M］.北京:清华大学出版社,2016.

［8］刘燕忠,苏彤.幼儿心理学［M］.武汉:武汉大学出版社,2011.

［9］刘玉娟,岳毅力.学前儿童发展心理学［M］.北京:北京出版社,2014.

［10］成丹丹.学前心理学［M］.北京:清华大学出版社,2016.

［11］余启泉,胡建中.学前儿童发展心理学［M］.南京:南京大学出版社,2019.

［12］王振宇.学前儿童发展心理学［M］.2 版.北京:人民教育出版社,2015.

［13］陈帼眉,冯晓霞,庞丽娟.学前儿童发展心理学［M］.3 版.北京:北京师范大学出版社,2013.

［14］陈琦,刘儒德.当代教育心理学［M］.3 版.北京:北京师范大学出版社,2019.

［15］陈英和.发展心理学［M］.北京:北京师范大学出版社,2015.

［16］刘金花.儿童发展心理学［M］.3 版.上海:华东师范大学出版社,2013.

［17］胡英娣,张玉暖,李龙启.学前儿童发展心理学［M］.镇江:江苏大学出版社,2014.

［18］罗家英.学前儿童发展心理学［M］.2 版.北京:科学出版社,2011.

［19］沈雪梅.学前儿童发展心理学［M］.北京:北京师范大学出版社,2016.

［20］郑雪.心理学［M］.3 版.北京:高等教育出版社,2015.

［21］周念丽.学前儿童发展心理学［M］.2 版.上海:华东师范大学出版社,2006.

［22］张永红,曹映红.学前儿童发展心理学［M］.3 版.北京:高等教育出版社,2019.

［23］张文军.学前儿童发展心理学［M］.2 版.长春:东北师范大学出版社,2017.

［24］张丹枫.学前儿童发展心理学［M］.2 版.北京:高等教育出版社,2019.

［25］张丽丽,高乐国.学前儿童发展心理学［M］.上海:华东师范大学出版社,2016.

参考答案